复杂网络的结构与演化

郑波尽 著

科 学 出 版 社

北 京

内 容 简 介

复杂网络是描述生命、人类社会技术等领域的复杂系统的有力工具。本书从复杂网络的数据分析、复杂网络的层次与演化、复杂网络的抗攻击性及复杂网络的多目标优化建模等方面展开了研究。在数据分析方面，讨论了复杂网络的重要节点和骨干网络的提取方法，将层次结构和抗攻击性关联起来；在层次与演化方面，讨论了层次结构与网络演化之间的关系，并用来解释经济现象；在动力学方面，得到了复杂网络在选择性攻击下具有鲁棒性的结论；在建模方面，利用多目标优化方法来对复杂网络建模，用一个框架得到多种复杂网络，确立了复杂网络之间的关系，修正了复杂网络领域中多个被广泛传播的结论。

本书适用于本领域研究人员和相关专业学生参考。

图书在版编目(CIP)数据

复杂网络的结构与演化/郑波尽著. —北京：科学出版社，2018.11
ISBN 978-7-03-058164-8

Ⅰ. ①复⋯ Ⅱ. ①郑⋯ Ⅲ. ①计算机网络—研究 Ⅳ. ①TP393

中国版本图书馆 CIP 数据核字(2018) 第 139309 号

责任编辑：闫　陶／责任校对：肖　婷
责任印制：张　伟／封面设计：彬　峰

科学出版社 出版
北京东黄城根北街 16 号
邮政编码：100717
http://www.sciencep.com

北京凌奇印刷有限责任公司 印刷
科学出版社发行 各地新华书店经销
*
2018 年 11 月第 一 版 开本：B5 (720 × 1000)
2022 年 6 月第五次印刷 印张：15 插页 6
字数：317 000
定价：80.00 元
(如有印装质量问题，我社负责调换)

序

复杂网络是一个跨学科的新兴研究领域。在社会科学中，人们可用它来研究科学家的合作关系；在技术方面，人们可用它来研究万维网的性质和计算机软件的诸多性质；在自然科学方面，人们可用它来研究生物的捕食关系以及蛋白质的合作关系。复杂网络的研究得到了人工智能学家、计算机科学家、物理学家、化学家、生物学家、社会学家等的广泛关注。

复杂网络的研究热潮肇始于 1998 年小世界效应以及 1999 年无标度网络的提出。此后，大量研究者进入这个领域，快速地建立起了该领域的基本知识架构，最为人知的几个关键词是：小世界效应、无标度属性、分形网络、社区结构网络等。与这些关键词相关联的还有一些重要的结论，例如，无标度网络呈现既鲁棒又脆弱的特性，无标度网络的偏好连接机制等。

本书以独特的视角来审视现有的知识架构，得出了一些令人意想不到的结论。例如，改变了无标度网络既鲁棒又脆弱的简单结论，发现网络的鲁棒性既与紧致性有关，又与平均度有关，有些无标度网络并不脆弱，而是比较鲁棒的。再例如，当用优化模型来统一描述多种特征网络时，得到了网络特征之间的谱关系，很多曾经难以理解的片段性知识就被关联起来了。还有，发现了具有集散节点聚集行为的新颖分形结构网络，改写了分形结构起源于集散节点排斥行为的结论，还改写了异配性和分形性关联的结论。作者的研究结果，体现了人们对于复杂网络的新理解。

本书围绕复杂网络的结构和演化问题，按作者在复杂网络研究中的不同时期成果作为线索来撰写，体现了作者学术观点的不断发展过程，也体现了人们对复杂网络在不同阶段的不同理解，表现出作者追求科学真理的精神。对于有志从事科研工作的研究生而言，可以提供一个难得的借鉴。这也是本书的另外一个价值所在。

李德毅

中国工程院院士

前　言

　　1998 年是复杂网络研究的勃发之年，主要的标志性事件是小世界效应的提出。小世界效应认为在网络直径上存在一个不变量，从现在的研究结果来看，这个不变量的确定性不强，比如超小世界网络和分形结构的网络在网络直径上就不同于小世界网络；小世界效应认为小世界网络是随机网络和规则网络的中间状态，从现在的研究结果来看，小世界效应在刻画网络之间关系的问题上还略显单薄，其他类型的网络并没有涉及。

　　1999 年，复杂网络的无标度属性被再次发现。研究者从时间维度的累积效应（累积优势、马太效应）上进行了深入的研究，但缺乏空间维度的累积效应方面深入细致的研究。之后，无标度网络被发现具有"随机攻击下鲁棒、选择性攻击下脆弱"的特性。从现有的研究结果来看，这一特性的隐含前提是"删除每个节点付出的代价相等（即与边无关）"。从该前提可以推导出：边攻击下的研究结论和节点攻击下的研究结论不应该一致。为了解决现有文献互相冲突的局面，本书提出了统一的度量方法，得出了一般性的结论：复杂网络的抗攻击性来源于网络的紧致性和平均度，"鲁棒且脆弱"只是特例下的表现。

　　2002 年，复杂网络的社区结构开始受到关注。但社区结构网络的建模常常采用不优雅的组合法。从现在的研究结果来看，社区结构网络的建模应与网络结构的演化相关联。此外，社区结构的形成原因应归因到节点的类别距离，而非通常认为的拓扑距离上。

　　2006 年，分形结构的复杂网络被发现。人们普遍认为，分形结构来源于 Hub(集散) 节点之间的排斥，并且同/异配性在分形结构网络中具有重要地位。本书给出了一系列分形网络，这些网络中 Hub 节点彼此紧密连接在一起。这些网络构成了原有理论的反例。从而，本书提出了新的关于分形网络的理论。

　　在目前复杂网络最重要的几个研究结论上，本书都做出了有意义的工作。这是本书在几个点上面的贡献。事实上，本书各个章节之间互相支撑，形成了一个整体。例如，对社会网络的分析结果引导我们质疑无标度网络"鲁棒性与脆弱性并存"；对复杂网络抗攻击性的研究启发我们建立统一的复杂网络建模的多目标优化模型。此外，本书包含了大量的思辨性论述，有助于读者了解具体研究的出发点和研究路径。

　　总体上来说，作者认为，复杂网络的结构和演化相生相伴，互为因果。在该观点指导下，本书从结构和演化的角度探索了复杂网络的性质，在更一般化的视角上重新审视了复杂网络中的一些经典结论，得到了一些不一样的结果，并且发展出了一些有用的方法。对于本书读者，建议从经典结论的最基本的逻辑基础这个角度审视经典结论和本书的结论。

对于这本书的出版，最应该感谢的是李德毅院士，在长期的研究工作中，李院士给予了我悉心的指导和巨大的帮助。

感谢吴泓润博士、匡立博士、黄丹女士、苏杨茜女士。吴泓润博士和我一起研究了复杂网络的抗攻击性、复杂网络的优化与演化。匡立博士和我一起研究了分形网络。黄丹女士、苏杨茜女士和我一起研究了复杂网络的抗攻击性。没有他们提供的支持和帮助，很多工作是难以取得成功的。他们也为该书的审校做了大量的工作。

感谢马于涛博士、江健博士、张海粟博士、张书庆先生、韩言妮博士、陈桂生博士、强小利博士、杜文华博士、覃俊博士、周爱民博士以及很多同事、朋友在研究过程中给予的帮助。

感谢王璐、钟凯瑞、齐鑫、李开菊、邓静等同学在稿件校对中给予的帮助。

感谢家人一以贯之的支持。

由于作者学术水平有限，书中难免存在疏漏，恳请读者批评指正。

作　者

2018 年 3 月

目　　录

第三篇　复杂网络的层次与演化

第四篇　复杂网络的抗攻击性

第六篇　总结与展望

第一篇

概　论

第1章 概　　述

1.1　复杂系统与复杂网络

在现实世界中，我们能轻而易举地找到一些非常复杂的系统。例如，一个基因组、一个细胞、一个人类社会、一个动物种群、一个生态系统等。这些系统中单元类型众多、数量巨大，且单元之间的相互关系复杂多变。例如，人类社会共计有70亿个个体，个体之间职业不同，社会关系纷繁复杂。这样的系统是典型的复杂系统。

复杂系统常常由 10^8 个以上的单元组成，对如此众多的单元进行研究是一件极其困难的事情，尤其是当组成系统的单元具有自主性的时候。在研究较为简单的系统时，人们常常采用还原论的方法。方法大致流程是：对这一系统抽象化处理，为系统建立一个模型，对模型进行研究，探寻模型的性质，然后通过实际数据来验证模型与实际情形的对应程度，从而得出实际系统满足这样性质的可靠程度，进而根据这个模型进行合理的预测。然而，世界是普遍联系的，普遍联系下的整个世界是一个复杂巨系统。这个复杂巨系统在演化的过程中，形成了明显的层次结构。在不同的层次上，单元之间的相互作用往往是大不相同的。也就是说，在不同层级下，系统中涌现出来的行为迥然不同。目前，人类的知识水平还难以准确预测涌现出来的性质和行为。对这样的系统从经典还原论的角度，或者说从细部进行研究常常难以得到全局性的知识。

现在看来，一个有用的办法是：将这些单元抽象成节点，将单元之间的复杂关系抽象成边，从而整个系统就可以抽象成一个图。通过研究图的性质，就可以在大尺度的范围内了解整个系统的性质。这种方法从本质上讲仍然可以称为一种基于还原论的方法，但是研究的对象是系统整体而非局部，因此可以称得上是还原主义上的整体论方法。这种方法既满足了科学方法的基本条件，从而可得到确定性的知识，又可免于笼统和含糊，防止陷入无意义的纯哲学思辨甚至玄学的泥沼，因而得到了快速的发展。

这种从研究复杂系统的关系入手来研究复杂系统的方法是一种新方法。这种方法所构造生成的图称为复杂网络。

目前，复杂网络的方法已经被用于很多科学研究领域。有些研究人员将研究复杂网络的理论和方法统一称为"网络科学"。由此，网络科学 (network science) 成为一个新的专有名词。

本书在复杂系统的背景下研究复杂网络的结构与演化,从而得到了一些有趣的结果。

1.2 复杂网络的特征和类型

通过多年的研究,人们发现复杂网络常常具有一些典型的特征。这些特征可以单独存在,也可以组合存在。人们依据复杂网络的特征将网络进行类型划分。例如,网络常常具有无标度属性 [1],人们就将具有无标度属性的复杂网络称为无标度网络;网络也常常具有小世界效应 [2],人们将具有小世界效应的网络称为小世界网络。但是,存在一些网络既具有小世界效应,又具有无标度属性,因此按照这样的特征对网络进行分类不是一种严格意义上的分类。因为定类需要满足两个原则:① 互斥原则,即类与类之间应当互相排斥,也就是说每个研究对象只能归入一类;② 无遗漏原则,即每一个研究对象均有归属,不可遗漏。现有的文献介绍复杂网络的分类时,常常不注意定类的原则,这样就导致在讨论复杂网络的类型时,会存在模糊和概念不清楚的地方。在本书中,我们沿用学科领域的历史说法,即通常不深究类型和特征的区分。只在必要时,使用“特征”来代替传统上的“类型”的说法。

人们已经发现了很多复杂网络的特征。主要有随机、小世界、无标度、超小世界、社区结构、分形结构等,沿用历史性说法,分别将具有这些特点的网络称为随机网络、小世界网络、无标度网络、超小世界网络、社区 (结构) 网络、分形 (结构) 网络等。下面将分别予以简单介绍。

1.2.1 随机网络

对网络的普适规律和不变量的研究可以追溯到 Erdős 和 Rényi 的研究 [3]。1959 年,Erdős 和 Rényi 提出可以通过网络节点间以不变的概率 p 随机地布置连线来有效模拟通信和生命科学中的网络。在 Erdős-Rényi 模型里,节点的度分布遵循泊松分布,这意味着比平均链接度高很多和低很多的节点都很少见,网络非常“民主”,因而也称为均匀网络 (homogeneous network)。Erdős-Rényi 模型所生成的随机网络还具有节点之间的聚集程度很低的现象,以及具有比较大的特征路径长度。此外,人们还发现,当概率 p 到达一定值时,网络中最大的连通图的尺寸也呈现出一个相变 [3]。

1.2.2 小世界网络

基于社会网络 (social networks)、生物网络以及技术网络的研究,Watts 和 Strogatz 研究了网络的特征路径长度,研究结果显示 [2]:很多实际网络的平均最短路径长度较小,而聚集系数相对较大。

所谓平均最短路径长度，即网络或图中任意两个节点之间的最短路径长度取平均值。假如用 $\mathrm{distance}_{i,j}$ 表示无向图中节点 i 和节点 j 之间的最短距离，则平均最短路径长度 (average shortest path length，ASPL) 可以表示为

$$\mathrm{ASPL} = \frac{2}{N(N-1)} \sum_{i>j}^{N} \mathrm{distance}_{i,j} \tag{1.1}$$

至于聚集系数，则是用于度量无向图中节点之间聚集程度的指标。聚集程度定义为任意三个节点之间抱团的概率，即节点 i、节点 j 和节点 k 三者之间均有边的概率。聚集系数 (cluster coefficient，CC) 用公式可以表示为

$$\mathrm{CC} = \frac{1}{N} \sum_{i=1}^{N} \mathrm{CC}_i = \frac{1}{N} \sum_{i=1}^{N} \frac{2E_i}{K_i(K_i-1)} \tag{1.2}$$

其中，CC_i 表示节点 i 的局部聚集程度；E_i 表示节点 i 的边数；K_i 表示节点 i 的所有邻点的边数和。

从现实生活经验中很容易理解小世界现象。假如你有在火车上和陌生人聊天的经历，说不定就会发现，陌生人和你是校友或者在同一家公司工作过，甚至你们有共同的朋友。很多人都有这样的经历，他们常常会发出感叹，世界真小啊。这就是小世界效应所描述的现象。

小世界效应很容易理解。假如一个人有一千个熟人，那么他的熟人的熟人就有一百万之多 (假如这些人之间不构成小世界，没有交集)，当我们继续推导时，数字会指数级地迅猛增加。目前，整个世界只有 70 亿人，这里当然存在大量的重复。因而，我们一方面能够用很短的熟人距离来找到每一个人，又能保证大家聚集成团，常常出现朋友的朋友是朋友的现象。另外，由于人群具有"物以类聚，人以群分"的现象，常常使得小世界效应更加明显。

为了解释小世界效应带来的现象，1998 年，Watts 和 Strogatz 在 *Nature* 上发表论文 [2]，提出了"小世界模型"，人们以两人名字的首字母命名为 WS 模型。该模型兼具规则网络较大的聚集系数和随机网络较小的平均距离的特点，能描述完全规则网络到完全随机网络之间的转变。也就是说，WS 模型认为，小世界现象是一个规则网络和完全随机网络的中间形态。

WS 模型使用规则图作为初始网络，令其中的点按一定的概率将最近的某些邻居变更为随机的邻居。以环形网络为例，每个节点都与它左右相邻的节点以一定的概率 p 相连，在合适的参数值下，所得到的网络就是小世界网络。

WS 模型的伪代码如下所示。

```
1.  Initialize a ring network with n nodes and n * k edges
2.  Produce a random float p, 0 ⩽ p ⩽ 1
```

```
3.  For each edge of every node
4.      if random(0, 1) ⩽ p then change its destination node randomly
5.  end for
```

WS 模型在不同参数值下得到的网络如图 1.1 所示。

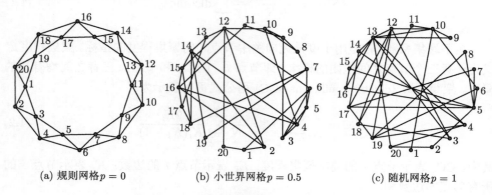

(a) 规则网格 $p = 0$　　　　　(b) 小世界网格 $p = 0.5$　　　　　(c) 随机网格 $p = 1$

图 1.1　WS 小世界模型下网络的拓扑结构

1.2.3　无标度网络

在 Web 出现以后, 人们可以方便地获得这个大规模网络的数据, 因此也有机会在这样的实际网络中验证随机网络的理论。

按照小世界理论, 大规模网络也具有较小的直径。R.Alert 等的研究表明, 整个 World Wide Web 的直径确实非常小 [4]。

另外, 由随机网络理论可以推出, 假如网页是随机链接, 网页的度分布将呈现钟形分布, 即泊松分布形态。Barabási、Albert 和 Adamic 发现, Web 网页的链接和随机图论预测的不一样, 每个网页的入度非常不均衡, 服从幂律分布 [1, 5, 6]。

所谓幂律分布, 指变量 x 的分布函数为一个幂函数, 即

$$p(x) \approx x^{-r} \tag{1.3}$$

幂函数具有一些有趣的性质, 如自相似性。

所谓自相似性, 指事物的局部和全局具有相似的形状或者特征。例如, 树就是具有自相似性的例子。从树干出发, 进行分叉, 树的每一个枝又可以作为"树干", 继续分叉, 不停重复, 就变成了最终的树。对于具有自相似性的事物, 不具备特征的尺度或者标度。例如, 我们可以把自相似事物的一部分进行放大, 这样就可以得到整体的图像, 但无法找到一个特征量来定义事物的尺寸大小。这就是"无标度"这一概念的由来。

在数学上，当把分布函数看成是一个函数时，网页的度分布是幂律分布这一事实实际上意味着：在概率意义上，网页的度满足自相似性。也就是说，网页的度在概率上存在自相似性。

为了解释 Web 上的幂律分布，Barabási 和 Albert 提出了 Barabási-Albert's model(BA 模型)[1]。这一模型和 Yule process[7, 8]、Price's model[9] 很相似，并且是 Simon's model[10] 的一个特例，因此被广泛接受。

Barabási 和 Albert 提出的 BA 模型发表于 1999 年的 *Science* 上。BA 模型认为，无标度网络是演化生成的网络，该网络起源于种子网络，种子网络依据偏好连接 (preferential attachment) 规则进行生长，由此可以得到无标度网络。所谓偏好连接，指的是新加入系统的节点更倾向于链接到具有较大的度值 (即具有较多的领域) 的节点上。节点具有一致的偏好，导致具有较大度值的节点会获得越来越多的链接，从而体现出富者更富的现象，也就是马太效应 (Matthew effect)。

BA 模型用程序的算法思想表示如下所示。

1.　初始化一个种子网络
2.　For $i = 1$ to N // N 为增加的节点数
3.　　For $j=1$ to K // K 位每个节点增加的边数
4.　　　根据轮盘赌算法选择新节点将要链接的节点
5.　　　将新节点链接到该节点，形成一条边
6.　　End For
7.　End For

其中，轮盘赌算法的伪代码如下所示。

1.　For $i = 1$ to N // N 为当前网络的节点数
2.　　计算 $p(i) = \frac{\deg(i)}{\sum \deg(j)}$
3.　End For// $\deg(i)$ 表示节点 i 的度
4.　$a = \text{random}(0, 1)$
5.　For $i = 1$ to N
6.　　If $a \leqslant p(i)$ then return i
7.　　Else $a = a - p(i)$;
8.　End if
9.　End For

轮盘赌算法是偏好链接机制的实现算法。它依据现有节点的度分布给每个节点设置一个新节点将链接到的概率，并依据随机数生成器生成的随机数，将新节点链接到原网络中。

图 1.2 显示了 BA 模型在不同时间点网络的生长情形。

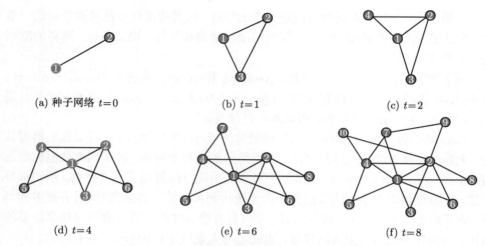

(a) 种子网络 $t=0$　　　　　(b) $t=1$　　　　　(c) $t=2$

(d) $t=4$　　　　　(e) $t=6$　　　　　(f) $t=8$

图 1.2　BA 无标度网络模型下网络的拓扑结构

1.2.4　超小世界网络

WS 模型所刻画的小世界网络具有一个隐含的假设：网络的度分布为指数分布。Cohen 和 Havlin 计算了度分布为幂律分布情形下的网络平均距离①[11]。他们的结果显示：当幂指数为 2~3 时，平均距离近似于 $\ln(\ln(N))$，N 为网络节点数；当大于 3 时，平均距离近似于 $\ln(N)$；当等于 3 时，平均距离近似于 $\ln(N)/\ln(\ln(N))$。$\ln(\ln(N))$ 远远小于 $\ln(N)$，因此在一定情形下，网络的平均距离比小世界还小。这一现象称为"超小世界"。

在现实世界中，很多网络是超小世界网络。例如，QQ 好友形成的网络其平均距离仅为 3.52。

1.2.5　网络的社区结构

常言道："物以类聚，人以群分"。事物常常会因为相同的属性而汇集在一起，而不同属性的事物则较为疏离。也就是说，同一类的事物具有较短的距离，而类间的事物具有较长的距离。当用网络来刻画具有聚类特性的事物时，网络必然也会呈现聚类的特性。在复杂网络领域，每一个聚类后的子网络称为社区；具有聚类特性的网络称为具有社区结构的网络，也称为社区网络。

社区网络具有显著的特点：社区之间的边较少较稀疏，社区内部的边较多较稠密。但是，这一特点只是定性的定义。这一定义可以用多目标优化的观点重新表述为：最大化社区内部的边数且最小化社区之间的边数。显然，这两个目标常常是互相冲突的。这表明，社区的划分存在多种解释，一个网络划分为社区的个数是不定

①这里的平均距离是平均直径，而不是平均最短路径长度。

的。最极端的两种情形是: 整个网络视为一个社区, 此时满足社区的定义; 每个节点看成一个社区, 此时也满足社区的定义 (节点与自身的链接数可以视为无限大)。

对于一个图, 排除极端的社区划分结果 (以点作为社区或整个网络作为社区), 在一定的尺度 (将社区大小限定在一定范围内) 上确定其中的社区结构是一个有意义的工作。这其中最早最有影响的是 Newman 和 Girvan 提出的社区划分算法 (GN 算法)[12]。

GN 算法基于边介数 (edge betweenness) 的定义。边介数通常定义为: 网络中所有最短路径中经过该边的路径的数目占最短路径总数的比例。边介数越大, 边越可以看成一个桥梁, 用以连接不同子网络。

GN 算法的思想是: 逐步删除边介数最大的边, 使得网络被分割成互不连通的子网络。这些互不连通的子网络可以视为社区。

1.2.6　网络的分形结构

宋朝鸣等探讨了长度转换情形下的网络的自相似性, 即网络的分形结构 [13, 14]。通过对经典的盒子计数法的扩展, 盒子计数分形维度得以定义。即

$$N_B \sim (l_B)^{d_B} \tag{1.4}$$

其中, l_B 是盒子的长度; d_B 是盒子计数分形维度; N_B 是与盖子长度相关的盒子个数, 使用这个数量的盒子刚好能覆盖整个网络。

宋朝鸣等也通过重整化方法计算了一些实际网络的盒子计数分形维度, 指出有些网络是分形网络, 有些网络不是分形网络。

1.3　本书研究内容

本书从复杂网络的结构和演化两个方面出发, 探讨复杂网络领域一些基础的命题, 发现一些有趣的与人们现有结论不匹配的结果, 从而带来一些新的理解。

本书首先从数据分析和数据挖掘的角度探讨复杂网络的结构, 主要包括重要节点挖掘和骨干网络的挖掘, 为后面的讨论提供一些定性的支持证据; 之后, 进一步地探讨复杂网络的层次结构和演化, 并用于解释财富分布现象; 之后, 探讨复杂网络的结构在攻击下的演化过程, 得出有关复杂网络抗攻击性的一些有趣的结论; 最后, 从归因的角度, 利用优化来解释各个特性之间的关系, 将复杂网络的诸多特性建立在统一的基础上, 从而可以比较分析, 理清各个概念和结论, 解释优化目标下的网络演化与结构之间的关系。

1.3.1　网络化数据挖掘

本书研究针对具体网络挖掘其骨干节点和骨干网络的算法。

对于给定的图，从中挖掘出特定的知识是一个应用广泛的领域。

目前，很多研究者关注于从图中挖掘出频繁子图[15-17]或者模体 (motif)[18, 19]。模体被认为是复杂网络中的简单建筑块[18]。每一个特定的实际网络都会在一组模体上表现出较高的频度，因而辨识这些模体有助于识别网络的典型的局部连接模式。

在社会领域中，人们关心社会的组织方式和人类的交流方式下形成的层次结构。在这样的层次结构中，节点的重要性是非常重要的研究议题。一般地，人们将重要性刻画为中心性，即在组织中心的节点具有更高的重要性[20]。而由具有最重要性的节点所组成的子网络对整体网络的影响比较大，因此可以用这样的网络来刻画整体网络的重要性特征，将这样的子网络称作骨干网络（backbone network）。骨干网络可以看成整个网络的缩影，或者说整个网络的一个压缩。

骨干网络指复杂网络中由重要节点组成的子网络。在无标度网络中，少量节点具有大多数的链接，因此骨干网络对无标度网络而言具有更大的意义。可以预期，骨干网络将深深影响无标度网络的各种特性和行为，如演化、抗攻击性、同步、传播等。

研究骨干网络就是研究网络的主体部分。目前，该方面的研究主要是从复杂网络的数据挖掘这个视角出发进行，包括节点重要性方面的研究和骨干网络的抽取算法。

1. 节点重要性方面的研究

骨干网络的基础是重要的节点。

节点的重要性的研究主要来自于社会网络方面的研究，其中典型的工作的 Freeman 提出的三个"点重要性"，即度、介数和接近度 (closensee) 的定义和度量方法[20, 21]。此外，搜索引擎 PageRank 算法[22, 23]和 HITS 算法等[24]也有较大贡献。赫南、淦文燕和李德毅等也提出了基于拓扑势和数据场的节点重要性评价方法[25, 26]。

为了清晰化节点重要性的概念，郑波尽等参考已有的关于节点重要性的研究结果，提出可以基于一些原子性的规则定义节点的重要性[27]。然而，当存在多个原子性的规则时，节点的重要性排序结果可能出现冲突，如 A 节点在度指标上得分最高，但在介数指标上得分中等，而 B 节点在度指标上得分很低，但在介数指标上得分最高。为了解决这个问题，本书提出解决节点重要性规则之间冲突的方法[27]。该方法考虑到每个规则实际上是为节点确立一个"序"，可以看成在这个规则下的优化结果，从而将这个问题转化为多目标优化问题；借鉴演化多目标优化算法方面的研究结果,引入严格偏序关系–占优关系来消解冲突。通俗地说,就是将"最重要节点"定义为"没有其他节点在所有方面比这些节点更重要",从而得到冲突消解方法。

2. 骨干网络的抽取算法

骨干网络由重要的节点组成。依据对重要性程度的定义不同,复杂网络可以存在不同规模上的骨干网络,即存在多个层级的骨干网络,每个子网络含有的节点数目不等。当然,骨干网络可以就是全局网络。

研究者基于不同的目的,取得了一定的成果,如 Du 等关于社会网络中骨干网络的发现 [28],杨旭、韩静等基于节点角色的骨干网络研究 [16] 等。郑波尽基于前述节点重要性排序的结果进一步定义了骨干网络,提出了多种骨干网络的抽取方法和性能判断标准 [27],并针对现实世界中的实例网络开展了研究。目前,关于骨干网络的研究基本上是从复杂网络上的数据挖掘作为出发点。

本书介绍采用等价类来确定分层骨干网络的方法。

骨干网络是从现有网络拓扑出发,寻找其本源的过程,也就是寻找能表征整个网络拓扑的种子网络。实际上,考虑到"重要节点必定对整体网络具有较大影响,而重要节点构成骨干网络,因此骨干网络必定对整体网络的演化、抗攻击性以及同步等具有重大影响",骨干网络方面的研究可以为复杂网络的多个分支确立一个独特的视角。

与骨干网络相对的是元网络。元网络,即"网络的网络",这里指的是由网络按照一定的原则组合起来的网络。在复杂网络领域,"元"这个词和其他领域大不一样,或者说,是相反的。其他领域一般是从还原论的角度理解"元",即"元"比"通常"更为本质。例如,"元数据"表示"数据的数据","元数据"比"数据"更为本质,可以用来描述"数据";按照类似的逻辑,骨干网络实际上是"元网络"。而在复杂网络领域,"元"失去了还原意义,代之以"整体论"的意义。"元网络"指的是网络的复合,而非本质。元网络这一概念最早在文献 [29] 中被用于描述跨多个内相关的领域组织和结构,后被用于动态网络分析。目前,该方法已用于研究恐怖分子之间的关系 [30],生物的大灭绝 [31] 等。

3. 社区划分与网络攻击的关系

社会网络是复杂网络的本源之一。学者对社会网络中一个整体的网络如何分裂非常感兴趣。例如,Zachary 针对一所大学的俱乐部成员的友谊关系构造了复杂网络,并对俱乐部两个重要成员的不和而最终导致俱乐部分裂为两个俱乐部的行为进行了研究 [32];Lusseau 和 Newman 对新西兰的一个宽吻海豚种群构造了关系网络,并对该网络某一个海豚的消失和重现而导致的网络的分裂和重合进行了研

究 [33]。目前这两项网络已成为社区划分的重要研究载体。然而，这种实证研究基于手工劳动，不可能构造节点数目相对较大的网络。

所谓社区划分，就是对于静态的复杂网络，根据其拓扑关系，将其划分为内部具有紧密联系外部只有松散联系的群体的方法。Girvan 和 Newman 提出的一个社区划分算法 (GN 算法)[12] 是目前社区划分算法中最广为人知的算法之一，该算法是分裂法的代表算法，通过不断移除具有最大介数的边，从而将网络分解为不同层次的社区，划分终止依据为模块度。此外，还有很多其他的方法，如谱二分法、Kernighan-Lin 算法 [34] 等。

通过分析可知：现有的算法基本上是从静态的层面去划分社区，而没有从动态的角度去研究该问题。因此，这些算法对于 Zachary 俱乐部网络和海豚网络 (dolphins network) 都能给出很符合实际数据的划分结果，但是不能判定网络是否会分裂。也就是说，对于 Zachary 俱乐部网络，算法应当在两个重要成员的冲突之前判定出网络实际上是一个社区，而在冲突之后，变成了两个社区；对于海豚网络，在关键的一个成员消失之前，网络是一个社区，消失以后，变成两个，重现以后，重新判断为一个。这两个实证网络的特殊行为实际上可以看成网络在受到攻击或节点失效后的行为，从而使得它们可以从正向和反向两方面检验网络抗攻击性方面的理论。

4. 骨干网络对社区划分结果的解释

基于骨干网络的定义和相应的算法，郑波尽研究了 Zachary 俱乐部网络和海豚网络的骨干网络 [27]，发现基于骨干网络能够解释这两个网络的分裂和聚合行为。当最重要的节点组成的骨干网络是一个连通网络时，两个网络处于稳定状态；当最重要的节点组成的骨干网络不连通时，两个网络都处于分裂状态。这些结果暗示：骨干网络是否连通可能影响到网络的稳定性和演化过程，进一步，网络的抗攻击性可能需要归约到骨干网络的连通性上。

1.3.2　无标度网络演化机制

无标度网络是指节点的度分布为幂律分布的网络。

幂律分布是一种常见的分布，很多经济、社会和自然现象服从幂律分布 [35]，如地震强度分布、财富分布、Web 链接网络的度分布、战争规模分布、森林火灾损失分布等。这些现象广泛存在物理学、计算机科学、经济学、社会科学等众多的学科中，深刻影响了各学科的发展。针对这些现象，科学家提出非常多的解释，也做出了很多的实证研究 [35-37]。

1. 偏好连接增长模型

在复杂网络成为复杂系统研究中一个显著的研究领域之前，国内外研究者已经提出了相当多的关于幂律分布形成机制的解释，如自组织临界理论、HOT 理论、渗流模型、指数组合、随机行走以及 Yule 过程等 [38]。其中，自组织临界理论是一个有着深远影响的理论。在该理论中，临界态是指系统处于一种特殊的敏感状态，微小的局部变化可以不断被放大进而扩延至整个系统，即存在一个正反馈现象。复杂系统中的幂律分布机制研究对以后出现的复杂网络的幂律分布机制研究起到了重要的启发作用。

1965 年，科学社会学泰斗 Merton 发现科学文献的引文网络满足幂律分布，并提出马太效应或者说"累积优势"可以作为其机制解释。1999 年，Barabási 和 Albert 重新发现 Web 链接网络的度分布满足幂律分布 [1]，在此之后，复杂网络的研究得以快速发展。对于 Web 链接网络的度分布，Barabási 和 Albert 提出了一个和遗传算法之父 John Holland 的标准遗传算法中轮盘赌选择算子非常相似的偏好连接增长模型 (BA 模型) 进行解释，该模型认为每一个网络都是演化的结果，网络有初始的种子，新的节点一个接一个地按照线性偏好原则链接到已有的节点 [36]。偏好连接增长模型也被用于解释演员合作网等网络中的幂律分布现象。

由于幂律分布的重要性，无标度网络的度幂律分布的起源也备受研究者重视 [36]。偏好连接增长模型从本质上讲和"累积优势""自组织临界"理论类似，基于一种正反馈的机制，也被公认是一个主流关于无标度网络度分布的幂律形成演化机制的解释 [1]，但偏好连接增长模型是一个基于时间维度的演化模型，具有全局信息假设和线性偏好假设，也受到实证数据的挑战 [6]，该模型与 John Holland 的标准遗传算法中的轮盘赌选择算子非常相似 [39]：新的节点有更多的连接概率的原因是其自身具有较高的连接度，即"富者更富"，因而和达尔文主义受到的质疑类似，偏好连接增长模型从逻辑上也存在"循环论证的嫌疑"。当将该模型运用于解释生物网络等网络中的度幂律分布时，却得到不符合常理的推论。

2. 国外对偏好连接增长模型的改进研究

为了克服偏好连接增长模型遇到的困难，寻求比其更为完善的改进模型以符合现实网络，许多的研究者都试图通过更深入的研究去探索无标度网络度幂律分布形成的内在机制。为了从实证角度研究无标度网络是否存在偏好连接 (优先连接) 机制，Adamic 和 Huberman 研究了 Web 链接网络和演员合作网络的度分布，发现根据网站的注册时间信息和演员合作网的时间信息的实际数据 (从时间维度的角度看)，年龄与节点度之间的关联性不强，与 BA 模型的预言不一致，而 Barabási 等则认为从平均的角度上，年龄与节点度之间存在关联性 [6]。为了解释为何年龄和节点度可以不相关，Bianconi 和 Barabási 又提出了 BA 模型的扩展，在 BA 模型基础上，把节点度和适应度相结合，提出 BB 模型 [40]，指出演化网络中存在着竞争机制，每个节点都有靠消耗其他节点而竞争获得边的本能。BB 模型给每个节点分配一个不随时间变化的适应能力参数，每个新节点获得边的能力与该节点的适应度参数成正比，模拟和解析结果表明：该模型度分布为具有对数校正能力的幂律分布。适应度模型也可以组合添加其他作用因素进行扩展，如 Ergün 和 Rodgers 研究了影响指数的内部边的问题[41]。

为了研究偏好连接的内在机理，Kleinberg 基于基因复制理论，提出了一种拷贝机制，关注于拷贝万维网中某一主题的新网页，并连接到相同主题的现有网页上[42]，数值模拟和解析结果证实了拷贝机制能够有效地表达现行偏好连接现象，使网络规模增大的同时具有度幂律分布。与 Kleinberg 的拷贝机制相反，Kim 等认为很多网络中存在竞争、淘汰和吞并的现象，于是引入了简单的合并机制，即每一时间步随机选择两个点，将它们合并成一个点，并重复若干次操作就可以得到幂律分布的结果[43]，该研究工作表明，各种网络中的竞争和优胜劣汰也是产生幂律分布的很重要的机制，而竞争和优胜劣汰现象在各种社会网络、技术网络以及生态网络中是普遍存在的。

为了克服全局信息假设，受引文网启发，Vázquez 提出了网络随机行走演化机制[44]，其主要思想为：研究人员进入一个新领域，通常只知道几篇主要论文，就可以通过这些有限的文献找到其他相关的文章，这个过程不断循环可以看成每经过一个时间步就有一新节点加入网络中，随机选取一老节点相连，然后以一定的概率连接此节点的邻居。虽然该模型没有明确包含线性偏好连接机制，但是随机行走演化机制隐含了产生偏好线性连接的原因。Vázquez 进一步提出了 4 种只基于邻居信息的模型，分别得到了正负相关的网络，为解释为何技术网络和生态网络是负相关而社会网络是正相关做出了重要的贡献[45]。

国内科学工作者在无标度网络的幂律分布形成机制方面也做了大量新的尝试和努力。为了克服 BA 模型中全局信息假设与现实网络的冲突，李翔和陈关荣合作提出了局域世界模型，认为每个节点都有各自的局域世界，用于刻画真实网络生长时新结点的演化过程[46]，该模型后经范正平等推广至多局域世界网络以求更精确刻画互联网拓扑结构[47]。刘宗华等提出了一种介于随机增长和偏好连接增长模型之间的增长网络模型，该模型填充了从随机网络到无标度网络之间的空白，可以为网络动力学研究提供良好平台[48]。为了克服无权 BA 网络模型"随机性择优"的不足，中国原子能科学研究院的方锦清和李永以非线性动态复杂网络系统为对象，引入"确定性择优"的思想，建立混合择优模型，提出统一混合理论模型，探索复杂网络的复杂性与普适性、网络拓扑结构与网络动力学的关系[49]。考虑到 BA 网络的偏好连接使得在计算机上生成大规模网络需要耗费大量的时间，章忠志和荣莉莉提出了 BA 网络的一个等价模型，以均匀连接代替 BA 模型中的偏好连接过程，提高了网络生成效率[50]。

总体来说，偏好连接与增长这两个机制相辅相成，互为支撑，而增长必定与时间有关，也就是说，偏好的驱动一定要有时间的累积来得到度幂律分布，故而，基于偏好的无标度网络的演化机制解释是一种基于时间维度的解释。

3. 基于空间维度的演化机制解释

郑波尽等 [27, 51] 在研究 Web 链接网络时发现，为了符合人的认知规律，Web 网页常常用树形结构组织起来，因而在增进用户体验的目的下，网页中存在大量回溯链接，依据这些基本事实，郑波尽等在遗传算法之父 John Holland 的隐秩序 [39] 思想的影响下提出了隐含控制树模型 [27]，通过理论证明了在隐含控制树模型下可以鲁棒地得到具有度幂律分布即无标度的网络，并在计算机上进行了仿真，仿真结果确认了理论分析的结果。隐含控制树模型思想的关键是网络需要具备一个隐秩序 [39]，即隐含的树形控制结构。这一模型不仅克服了偏好连接增长模型的几个缺点，而且表现出了"偏好连接"现象 [27]。这一模型将 Web 链接网络的度幂律分布归结为自相似结构，是一个基于空间维度而独立于时间维度的解释。

基于对幂律分布形成机制的空间解释，本书介绍了一个财富分布的模型，即基于隐树模型的财富分布模型。根据这一财富模型，从理论分析和仿真上都可以得出一个有趣的结论：社会财富很可能与社会结构有关，而社会结构又与劳动分工有关，要想达到财富的平均分布，除非清除劳动分工。根据亚当·斯密的经济学理论，劳动分工带来了劳动效率数以十万倍的提升，是国民富裕的根本原因。清除劳动分工，也就意味着劳动效率的急剧降低，社会福利的大幅降低，因此在经济上是不可能的。

1.3.3 网络抗攻击性

1. 无标度网络鲁棒性与脆弱性并存的观点

Barabási 和 Albert 对 Web 链接网络进行研究时发现，该链接网络的度分布满足幂律分布，即无标度网络 [1]。在无标度网络中极少数节点有大量的连接，而大多数节点只有很少的连接。这些具有大量连接的节点称为"集散节点"，即 Hub 节点，它们所拥有的连接可能高达数百、数千甚至数百万。Albert 等发现，这种无标度特性使得网络可以承受意外的故障，但面对选择性攻击时很脆弱 [52]，其机制为：随机的故障均匀分布在每个节点上，大多数节点是不重要的节点，因此对整体网络的破坏很小；选择性攻击首先攻击的是具有大量链接的集散节点，很少量的集散节点的损失就能造成网络的崩溃。这一现象称为无标度网络的鲁棒性与脆弱性并存。

Barabási 等的工作得到了其他研究者跟进研究 [53]，无际度网络鲁棒性与脆弱性异存的观点也得到了公认。并被应用到包括解释食物网络中存在的现象等。在 Barabási 等的工作基础上，Strogatz 已经展示了度服从泊松分布的随机网络在随机攻击和按连接性选择攻击两种情形下都是脆弱的，这一点对 Barabási 的工作构成了另外一个侧面的印证。宋朝鸣等显示分形网络 (蛋白质代谢网络、Web 超链网络) 比非分形网络 (Internet) 对于按连接性的选择攻击有高得多的容忍阈值 [14]。

国内有不少研究者也从事这个议题的工作。例如,谭跃进等基于连通系数给出容错度和抗攻击度的定义,并在这个领域发表了多篇综述性文章 [54]。

2. 代价攻击理论及边攻击

对于无标度网络在选择性攻击 (恶意攻击) 下脆弱的观点,本书有新的理解。

Internet 是一种典型的无标度网络,而 Internet 的前身正是为了抵抗选择性攻击而诞生的。从实践效果上看,Internet 在选择性节点攻击的情形下崩溃的案例很少见。

再如,在军事系统中存在很多无标度网络,假设无标度网络的确 "在选择性攻击下脆弱",那么这样的网络不可能适应作战的需要,须知作战正是要对抗选择性攻击。此外,隐含控制树模型也暗示:单单军事系统的科层结构就很容易构造出无标度网络。考虑到军事系统是一个长期演化出来的结构,自然界演化出一个不适应目标的系统出来是不可能的,演化结果不可能违背适应目标。

从现实世界的现象来看,无标度网络并非总是在选择性攻击下脆弱。

在本书中,通过引入攻击代价,得到一个发现:有些无标度网络在选择性攻击中鲁棒,甚至相比其他类型的网络是最鲁棒的。网络在选择性攻击下的鲁棒性与紧致性和平均度有关。

本书还讨论了复杂网络的节点攻击和边攻击的等效替换问题,即节点攻击可以转换为边攻击,而边攻击不一定能转化成节点攻击的问题。通过对边攻击的研究,本书证实复杂网络在节点和边的选择性攻击下的鲁棒性都既与紧致性有关,又与平均度有关。

1.3.4 复杂网络的统一优化建模

在当前的研究中,已经发现了很多类型的复杂网络,即复杂网络常常会具有多种多样的特征。然而,各种特征之间的关系并不明确,从而导致诸多领域内结论不能满足相容性。我们利用优化作为工具,对复杂网络进行建模,从而解决了相容性问题,得到了诸多新颖的结论。首先,我们进行了复杂网络中统一描述模型的研究,用一个基于优化的简单模型统一描述多种网络,如无标度、小世界、超小世界、Delta 分布、分形、随机等复杂网络生成过程,还能够描述社区结构,该模型为复杂网络领域带来了新的理解。例如,原来的分形网络理论认为分形网络起源于 Hub 节点的排斥,但本书提出的模型给出了反例:Hub 节点聚集时也会出现分形网络;分形网络和同异配性无关;小世界网络的距离不能被视为一个恒在的不变量,而是与特殊的过程有关;本书提出的模型给出了社区网络的起源;无标度网络的形成可以来源于优化机制，而能够产生优化机制的模型往往能用于解释无标度网络的形成机制；在这个模型里，网络类型形成了一个谱图。这些结论说明：用统一的模型可以描述不同的复杂网络机制，并可以将网络生成过程与优化过程相关联。

1.4　讨　　论

1.4.1　复杂网络研究哲学

科学史是一部还原论的历史。还原论作为科学方法的重要组成部分之一，与自然主义、形式逻辑以及实验验证一起构成了科学的基础架构。正是基于还原论，科学家将世界切分成越来越小的单元，从中寻找自然的奥秘，支撑起了当前的科学大厦。

这也许意味着一种新的科学 [55]，是在还原论的宏伟地基上生长出来的小草。

但当我们把目光移向生机盎然的生物界和人类社会时，都会惊叹于各个单元之间复杂的联系以及这个复杂的联系下所演化出来的多姿多彩的行为。人们发现，即使是非常简单的单元所组成的系统，在非线性的相互作用下，也能呈现出复杂的涌现行为。

因此，人们将异质组件间非线性交互产生突现行为的系统称为复杂系统。也就是说，① 复杂系统实际上是一个网络；② 该网络的节点为一个个异质组件；③ 该网络的边为异质组件的交互作用关系；④ 这种交互作用关系能够使系统整体产生突现行为。

将复杂系统抽象成复杂网络，从复杂网络的视角去推测复杂系统中的规律，是一个别出心裁的研究复杂系统的思路。

本书的主要目标就是将复杂网络视为复杂系统的模型，通过复杂网络的研究来探索复杂系统中的规律。

1.4.2　复杂网络研究的弱点

尽管复杂网络是一个有前途的研究复杂系统的方法，但是复杂网络的研究也具有其内在的缺点。

在现实世界中，当我们要求解问题的一个解时，必须首先将问题形式化，建立一个模型；然后求模型的解。也就是说，我们在现实世界中从来都只是求模型的解。

本质上，复杂网络也是一种对复杂系统的抽象，或者说是复杂系统的模型。因此，当我们求解复杂系统中问题的解时，实质上是求模型的解。也就是说，是求复杂网络这一模型下问题的解。

　　此外，求解问题的过程包含两个独立的一般步骤：① 抽象出问题的模型；② 用这个模型来找到解。这一过程可以表示成：问题→模型→解。

　　所有的模型都只是实际问题的一个简化，"解"只是模型的解。模型越精确，得出的解越有意义。相反，如果模型具有太多不能满足的假设条件和大量的估计数据，那这个解可能就毫无意义甚至更糟。

　　在复杂网络这个学科中，当复杂系统抽象成复杂网络以后，相当多的细节可能会被忽略，因而我们在复杂网络基础上所得出的结论的可靠性需要斟酌。

第二篇

复杂网络的重要节点和骨干

第 2 章　复杂网络的节点重要性

自从 Watts 和 Strogatz 发现了复杂网络的小世界效应 [2] 以及 Barabási 和 Albert 发现互联网的无标度属性 [1] 以来,研究者关于这一领域的研究越来越深入。他们的开拓工作的原始目的在于运用统计物理发现网络中一些普遍的规律和不变量,但是当人们遇到具体网络时,常常提出这样的问题:我们是否找出网络中最重要的节点? 这些节点是否比那些节点重要? 怎样判断哪些节点是最重要的? 诸如此类的问题。这些问题与复杂网络的数据分析相关。实际上,这些问题根植于同一个问题:节点的重要性。仅当我们知道如何度量节点的重要性时,才能够回答上面提到的问题。

这种类型的问题在不同的领域都存在,如最重要的科学家 [56, 57]、最危险的恐怖分子 [30, 58]、最关键的蛋白质 [59] 等,在有些情况下可能还需要知道,比较重要的科学家、比较危险的恐怖分子、比较关键的蛋白质等。此外,可能还需要发现一些特殊的节点所构成的子网,如由骨干节点组成的骨干网,与某重要节点紧密关联的节点所组成的社区,这样的问题在实际应用中可能表现为寻找重要科学家的研究团队、恐怖分子集团的上层结构等。诸如此类的问题也建立在节点的重要性问题上。在现实生活中,这样的问题意味着我们需要发现恐怖分子集团的上层组织、某位知名科学家的研究小组。这样的问题也依赖于节点的重要性排序。

"节点的重要性"是一个模糊的概念,尽管在很多的文献中都使用这样的词来描述节点的价值。人们很难就这个概念达成一致,但幸运的是,所有人都同意我们能够基于一些直觉的想法通过一些规则来尽量清晰化这个概念。在这一点上,作为复杂网络重要部分的社会网络方面的工作,可以给我们带来启发。在社会网络中,节点的重要性和中心性是联系在一起的 [20]。此外,在 Web 搜索引擎领域,将节点的重要性和相近节点重要性关联在一起,如 PageRank[22, 60] 和 HITS[24]。一些论文也提出了关于重点性定义的新思想,如将删除节点导致的系统失败程度作为重要性 [61, 62]。这些定义是非常不同的,或者可以说,这些定义是相互冲突的。但应用这些定义时,人们可能会增加或删除刻画节点重要性的规则以适应需要。我们考察了这些定义,根据通常情形下的节点重要性的特性,建议了 5 个规则用以刻画这一概念。当然,在一些特殊的场合和基于应用的考虑,更多或者更少的特性是有必要的,因而这些规则是可以增加和删除的。

每一个规则实际上定义了一个序关系。假设我们定义,具有较多邻居 (较大的度) 的节点比具有较少邻居 (较小的度) 的节点更重要，也就是说，度大的节点重要性大。这一规则为节点确定了一个序关系。重要性需要多个规则才能明晰。

但当我们弄清楚想要的重要性的定义并选择了相应的规则和计算公式以后，面临的问题将是如果这几个规则之间有冲突，如何来处理这种冲突。在大多数情况下，规则间会产生冲突。如果没有冲突产生，其中至少有一个规则可以取消。在 Web 搜索引擎领域，人们使用 Rank Aggregation[63] 的方式来进行处理。在另外一个角度，如果我们将每一个规则看成一个优化目标，那么这个问题就是多目标优化问题。在多目标优化演化算法领域，这一问题通常使用一种称作占优关系的数学方法来解决。占优关系是一种强偏序关系，强偏序关系必然对应一个弱偏序关系。节点在弱偏序关系下划分进一个等价类。这些节点所在的等价类指示了节点的序位。等价类算法具有一个特点，如果一个节点 a 在所有规则下都比另一个节点 b 差，则节点 a 的序位一定比节点 b 的序位低。使用等价类算法排列出来的最重要节点满足“没有更好就是最好”这一原则。

在大数据集的情形下，有些重要性的定义可能导致计算非常复杂耗时，因此直接和间接基于规则的方法也将非常耗时。因此，人们希望寻求一些快速高效的独立于这些定义的近似性算法。由于 PageRank 和 HITS 算法在 Web 搜索引擎方面的高效表现，一些研究者相信这样的算法在一般性的问题中也将表现优异，因而使用它们作为基准算法 [64-67]。但是，是否这两个算法在不同的目的下仍然能表现良好这一问题的答案是不确定的。从现有的基于公理化的研究结果来看 [23, 68]，PageRank 和 HITS 算法在他们的假设下能够表现完美，现在的问题就演变成，在用户所定义的重要性的条件和对用于定义的重要性无偏好的情况下，PageRank 和 HITS 算法能够多大程度上符合呢？这仍然是一个问题，很难给出答案。

等价类算法对所有的规则都没有偏好，能够得到不同的有代表性的节点，这对于发现重要节点比较重要，因此我们建议使用这一方法作为基准，通过比较该基准的结果与被比较算法的结果之间的相似程度来度量算法的效能。基于这一思想，我们定义了度量指数以及基于它的三个子指数，并介绍了实现方法。

为了验证我们的思想，选用了三个通用的测试案例进行了对比测试，这三个测试案例是蛋白质代谢网络 (metabolic network) 中的一个模块 [59]，海豚网络 [33] 和 Zachary 俱乐部网络 [32]。实验结果显示，这一框架能够产生有代表性的多样化的点，表明了这一框架的可行性。由于理论上的限制 [23, 68]，这一框架显然也不是一个关于重要性节点排序问题的完美的解决方案，但它的确具有应用到发现重要性节点所需要的特征。我们还通过实验计算了效能测度指数，实验结果显示，PageRank 和 HITS 算法尽管并不为这个目的所设计，但依然表现出了比较好的效能。

总的来说，我们的工作提供了一个进行节点重要性评价的框架。这一框架面向以下三个主要的问题。

(1) 如何合理定义节点重要性。对应的解决方案是：通过直觉，将节点重要性问题清晰化，分解成几个定义重要性相对大小的规则。

(2) 如何解决规则的冲突。对应的解决方案是：引入数学工具，将几个规则所得到的结果聚合，并分成等价类，组装成偏序序列。

(3) 如何定义算法的效能。对应的解决方案是：用算法的结果与偏序序列进行对比，计算其符合程度。

2.1　相　关　工　作

节点的重要性研究与很多领域都相关，但主要的研究是在复杂网络研究兴起以后才得到越来越多的研究者的关注。对节点重要性的评价离不开图论和基于图的数据挖掘 [15-17] 的研究成果，甚至这一领域可以视为基于图的数据挖掘的分支。但最早的关于节点的重要性的研究来自于社会网络分析领域。此后，在其他领域提出了类似的问题。

与本书研究相关的工作主要有三个部分的工作，与我们要解决的三个主要问题对应。

2.1.1　定义节点的重要性

在社会网络领域，节点的重要性被看成"中心性"(centrality)。在 Freeman[20] 的工作以前，人们对什么是中心性没有达成共识，对中心性的概念基础也没有达成共识；当然，人们对中心性的正确的度量也没有一致的意见。

在互联网搜索领域，PageRank 和 HITS 算法通过一种递归的方法来定义 Web 文档的重要性，即一个节点 (Web 文档) 的重要性依赖于它的领域的重要性，而其邻居的重要性则依赖于邻居的邻居的重要性，如此递推。基于这个思想，PageRank 和 HITS 算法需要迭代地计算节点的重要性。然而，这两种算法都是被设计用来处理有向网络的。在本书中，主要关注无向图。在这种情形下，无向图实际上通过将一条边看成一对方向相反的边的方式来转化出有向图以用于 PageRank 和 HITS 算法进行处理。

节点的重要性在系统科学领域也被定义为删除该节点后系统失效的程度 [62]。该定义认为，假如一个节点从一个连通图上被删除，得到的新图不再连通，那么这个节点就是重要的。实际上，文献 [62] 和相关的论文重点还是在强调节点集的重要性上。对于单一的节点，这一定义可能只含有少量的信息，因为大多数情况下这样的动作并不导致网络的破裂。

这些领域都使用了节点重要性的概念，但其意义并不相同。从度量指标来看，各个指标也互不兼容，存在着冲突的可能。

考虑到实际应用的需要，在本书中建议了 5 条规则来定义节点的重要性。详细介绍见 2.2.1 小节。

2.1.2 冲突消解

如果我们将每一个规则视为一个优化目标，解决规则间的冲突问题就可以转化成多目标优化问题。在多目标优化领域，最简单的方式就是使用加权的方法来处理目标间的冲突 [69]，加权实际上反映了用户对不同规则的偏好。对于加权法，其权重由用户的偏好确定，这是一个非常不确定的因素，因此将这一方法用作评价标准是不适合的。

在 Web 搜索领域，使用了一种称为 Rank Aggregation[63] 的巧妙技术。Rank Aggregation 技术的目的是求得一个序列使得其距离不同来源的序列距离最小。如果使用这一方法，实际上是假设距离各个序列最小的序列是最满足节点重要性定义的。此外，这一方法很难进行解释为什么有些节点要排在另外的节点前。当出现被比较算法与该序列不一致的节点对时，难以说服到底哪个结果更符合重要性的定义。例如，假设给出两个规则，在规则 1 下，节点 a 大于节点 b，在规则 2 下节点 a 小于节点 b，Rank Aggregation 给出的结果是节点 a 比节点 b 重要，而被比较算法给出的是节点 b 比节点 a 重要，在这样的情形下，无法解释到底哪个序列是更好的。但 Rank Aggregation 有一个优势，它已发展了一套方法来处理部分列表的情形。这一点在研究 top k 的情形下将很有用。

在多目标优化领域，使用占优关系来对付目标间的冲突 [70-73]。相对于加权法，该方法并不需要预先知道权重设置。此外，该方法主要利用的是序关系，与加权法相比，对数值之间微小差异也能区分，对数值不敏感，因为该方法建立在序关系的基础上。此外，该方法还有一个优点：能保证重要的节点的多样性，不会出现节点因为某一个指数高而排位靠前的现象。使用该方法来评价节点的重要性时，始终能保证如果一个节点在所有方面比另一个节点好，那么在重要性上则一定比另一个节点的重要性高。这一点，对保证可解释性非常重要。

在多目标优化领域采用 Pareto 前沿的概念来描述最重要的节点的集合。Cotta[56, 57] 参考科学合作网 [74]，研究了演化计算领域各位作者的度、介数、接近度，并得出了有意义的结果。在GECCO 2007 的一个讲座中，用多目标优化的思想列出了Pareto 前沿——演化计算领域最重要的研究者。应该注意到，Cotta的这一方法可以作为算法的一个较好的评价基准，因此将这一方法的具体机制进行了形式化的描述，并介绍了如何将这一方法的结果组织成序列，以及如何与其他算法的结果进行对比。

2.1.3　度量节点重要性排序算法的效能

当我们从基准的框架和被比较的算法那里获得排序的结果以后，怎样定义算法的效能度量指数就成了一个重要的问题。因为两个结果都可以被表示成序列，所以我们可以通过定义两个序列之间的距离来定义这一指数。两个常用的指数与这一问题相关，一个是 Spearman's ρ，另一个是 Kendall's τ[75]，Kendall's τ 基于如下思想：两个序列之间的距离为将一个序列通过邻居交换转换到另外一个序列需要的步数。

当我们应用 Kendall's τ 来计算效能时，被比较的算法能够通过生成很多相等的节点 (实际上不等) 来"欺骗"该指数。因此，我们基于这一指数，定义了三个子指数来显示"欺骗"的程度。

2.2　重要性的基于直觉的规则

人们对"节点重要性"的概念存在异议，但都同意可以通过直觉概念描述重要性。例如，"度"被用来作为衡量人通信活跃程度的指标，一个节点的度数越大，它的重要性越大；在一个纯粹的网络，节点度越大就越重要。这种描述显然是基于直觉的，因此当讨论节点重要性时，必须从直觉中抽取出概念基础。

根据直觉，我们建立了 5 个规则来描述节点重要性。我们不认为这 5 个规则能完全描述节点重要性，相比较而言，越多的规则能更清晰地描述概念。

2.2.1　规则和选择规则

这里选择 5 个规则来评价节点重要性。

规则 1：如果不能从一个网络拓扑中区分两个节点，则认为两个节点的重要性等价。也就是说如果在网络中节点 a 的位置等价于节点 b，那么它们的重要性等价。

这条规则是所有规则的基础。对于复杂网络，通常忽略除拓扑结构外的额外信息，故不会更多关心拓扑结构之外的规则。

规则 2：通常，节点的度越大，它对网络的影响越大，故认为度越大的节点越重要。也就是说，如果节点 a 的度大于节点 b，则节点 a 比节点 b 重要。

规则 3：如果一个节点连接了两个或多个社区，则它是一个关键节点。因为这个节点能控制社区之间的通信。众所周知，控制社区通信的潜能可以用介数衡量，因此，如果节点 a 的介数大于节点 b，则节点 a 比节点 b 更重要。

规则 4：一个节点更接近网络的"中心"，它越重要。因接近度是一个合适的度量指标，因此，如果节点 a 的接近度大于节点 b，则节点 a 比节点 b 重要。

规则 5：如果一个节点有更大影响力的邻居节点，则这个节点更重要。也就是说，如果 a 节点的邻居影响力大于节点 b，则节点 a 比节点 b 重要。

在这些规则中，规则 2、3、4 的直觉来自社会网络领域，规则 5 的直觉来源于 Web 搜索引擎。

2.2.2　形式化 5 条规则

虽然前面列举出 5 条规则来描述"节点重要性"概念，数学形式化仍是必要的。下面预定义了"网络等价性"的概念。

定义 2.1 (邻接矩阵的节点交换)　给定一个邻接矩阵 M 以及节点 i 和节点 j，其中，$M = \begin{bmatrix} a_{11} & \cdots & a_{n1} \\ \vdots & & \vdots \\ a_{1n} & \cdots & a_{nn} \end{bmatrix}$，节点 i 和节点 j 间的交换为一个函数 f，使得 $M' = f(M, i, j)$ 且对于任意的 $k = 1, 2, \cdots, n$，有 $a'_{ik} = a_{jk}$，$a'_{jk} = a_{ik}$，$a'_{ki} = a_{kj}$ 和 $a'_{kj} = a_{ki}$。

这个定义阐述了节点交换在邻接矩阵中的表示。

定义 2.2 (邻接矩阵的拓扑等价)　给定邻接矩阵 M_a 和 M_b，如果称 M_a 拓扑等价于 M_b (记为 $M_a \equiv M_b$)，则必存在一个节点对序列 (i_1, j_1), (i_2, j_2), $\cdots$, (i_k, j_k) 使得 $f(f(\cdots, f(M_a, i_1, j_1), \cdots), i_k, j_k) = M_b$。

这个定义是说如果两个邻接矩阵拓扑等价，则必存在一系列节点交换使得两个邻接矩阵等价。如果两个网络的邻接矩阵是拓扑等价的，则称这两个网络拓扑等价。这里用符号 "\" 代表网络中删除一个节点集及相应的连接到这些节点的边的操作。

定义 2.3 (节点拓扑等价)　给定一个网络 N 和网络中节点 a 和节点 b，如果节点 a 拓扑等价于节点 b，则有 $N \backslash \{a\} \equiv N \backslash \{b\}$。

也就是对于特定的网络，移出节点 a(和连接到节点 a 的边) 后的网络拓扑等价于移出节点 b(和连接到节点 b 的边) 后的网络。

这里，记"节点 a 的重要性大于节点 b"为 $a > b$，记"节点 a 的重要性等于节点 b"为 $a = b$。

根据上述定义，规则可被形式化，具体如下。

规则 1 揭示了网络拓扑结构的等价性。

规则 2 揭示了节点度为度量指标。记节点 a 的度为 $\mathrm{Degree}(a)$，即

$$\mathrm{Degree}(a) = \sum \delta(i, a) \tag{2.1}$$

其中，$\delta(i, a) = \begin{cases} 1, & \text{假如节点}i\text{和节点}a\text{连通} \\ 0, & \text{假如节点}i\text{和节点}a\text{不连通} \end{cases}$。

规则 3 可以用介数度量，Betweenness(a) 表示节点 a 的介数，定义如下所示。

设 $B(i, j)$ 是节点 i 和节点 j 之间的最短路径数，且 $B(i, j) > 0$，$B(i, a, j)$ 是节点 i 和节点 j 之间经过节点 a 的最短路径数，则有

$$\text{Betweenness}(a) = \sum_{i \neq j} \frac{B(i, a, j)}{B(i, j)} \tag{2.2}$$

规则 4 实际是基于接近度，用 Closeness(a) 表示节点 a 的接近度，d_{ij} 表示节点 i 和节点 j 之间最短路径长度，则有

$$\text{Closeness}(a) = \frac{1}{\sum\limits_{v_j \in V \wedge i \neq j} d_{ij}} \tag{2.3}$$

其中，V 是节点集。

规则 5 比较特殊，需要一个新的度量指标度量节点邻居的影响力，这里用邻居节点的度的函数来度量。用 Nb(a) 表示节点 a 的直接邻接节点集，就是说 Nb(a) 所有元素到节点 a 有且仅有一跳，推荐如下函数：

$$\text{Neighbor}(a) = \sqrt[nk]{\sum_{i \in \text{Nb}(a)} \text{Degree}(i)^{nk}} \tag{2.4}$$

若 $nk > 1$，则邻居节点度数越大对该指标值的贡献越大，但这里也面临窘境，即在这条规则下，节点有更大的度数不利于它的邻居有更大的度数。例如，若网络结构是星形或车轮形，则中心节点有一个劣质的指标值。相比而言，若 $nk < 1$，则邻居节点度越大，该指标的贡献越小，这是不公平的，除非有特定的目标。故推荐 $nk = 1$，除非一些特殊的情况。

基于上述的定义，规则将被描述如下。

规则 1：$N \setminus \{a\} \equiv N \setminus \{b\} \Rightarrow a = b$。

规则 2：Degree$(a) \geqslant$ Degree$(b) \Rightarrow a \geqslant b$。

规则 3：Betweenness$(a) \geqslant$ Betweenness$(b) \Rightarrow a \geqslant b$。

规则 4：Closeness$(a) \geqslant$ Closeness$(b) \Rightarrow a \geqslant b$。

规则 5：Neighbor$(a) \geqslant$ Neighbor$(b) \Rightarrow a \geqslant b$。

对于这 5 个规则，规则 1 对另外 4 个规则是没有冲突的，因为另外 4 个规则对除拓扑结构的额外信息是独立的，但对其他规则可能是冲突的。

2.3 用偏序对节点排序

通过 5 个规则可知不同的度量方法下的序关系，然而它们可能是冲突的。为了解决这个问题，这里引入严格的偏序关系对节点排序。

2.3.1 基本概念

作为一个解释，假设仅有规则 1、2 和三个节点 a、b、c，假设在规则 1 下，$a >$ $c > b$；在规则 2 下，$c > a > b$，则有：对于规则 1，设 a、c、b 的值为 1、2、3；对于规则 2，设 c、a、b 的值为 1、2、3；则 a、b、c 的坐标为 $(1, 2)$、$(3, 3)$、$(2, 1)$。显然，越小的值代表了越大的重要性，如图 2.1 所示。

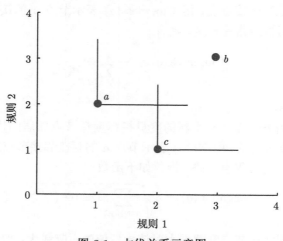

图 2.1   占优关系示意图

因为规则 1 和规则 2 下节点 a 都比节点 b 更重要，所以称节点 a 占优节点 b 或节点 b 被节点 a 占优。显然节点 c 和节点 a 不会被任何其他节点占优，故认为它们两个节点排第 1 名。若从图 2.1 中移出所有非占优节点，则可知节点 b 排第 2 名。

对于节点重要性而言，实际只有 4 个规则可用，规则 1 仅具有理论意义，并不能产生序关系。因此，对于每个节点，都会被指派 4 个值代表相应规则下的排序，也就是说，节点重要性可用具备 4 个元素的向量重新表示。对于节点 a，记为 $\boldsymbol{a}(a_1, a_2, a_3, a_4)$，$a_1$ 代表了相应于规则 2 的值，a_2 代表了相应于规则 3 的值，a_3 代表了相应于规则 4 的值，a_4 代表了相应于规则 5 的值。因此，规则 2～ 规则 5 可重新进行以下描述。

规则 2：$\mathrm{Degree}\,(a) \geqslant \mathrm{Degree}\,(b) \Rightarrow a_1 \leqslant b_1$。

规则 3：$\mathrm{Betweenness}\,(a) \geqslant \mathrm{Betweenness}\,(b) \Rightarrow a_2 \leqslant b_2$。

规则 4：$\mathrm{Closeness}\,(a) \geqslant \mathrm{Closeness}\,(b) \Rightarrow a_3 \leqslant b_3$。

规则 5：$\mathrm{Neighbor}\,(a) \geqslant \mathrm{Neighbor}\,(b) \Rightarrow a_4 \leqslant b_4$。

根据这些规则，所有节点重要性向量的集合将成为一个基于占优关系和严格偏序关系的偏序集。容易证明占优关系是严格的偏序关系且满足自反性、传递性和非对称性关系。对占优给出如下形式化定义。

定义 2.4 (占优)　对于给定的节点 a 和 b，$a(a_1, a_2, \cdots, a_m)(m$ 为选择规则的数目) 称为占优节点 b，记为 $a < b$，当且仅当节点 a 在偏序下小于节点 b，即

$$\forall i \in \{1, 2, \cdots, m\}, a_i \leqslant b_i \wedge \exists i \in \{1, 2, \cdots, m\}, a_i < b_i \tag{2.5}$$

定义 2.5 (非占优集)　对于给定的集合 A，非占优集 (non-dominated set, NDS) 是一个集合，它包括了所有不被任意其他节点占优的节点，在数学形式下，NDS 定义为

$$\text{NDS} = \{u | \neg \exists x \in A: x < u\} \tag{2.6}$$

显然，基于迭代非占优集可以将所有节点划分为等价类。因此，节点重要性排序过程实质上是迭代地获取非占优节点集，每次都从剩余的非占优节点中选取。

有必要强调的是，等价类算法是基于规则的，若规则或选取的度量指标发生改变，则节点的序关系也会改变，等价类就会不同。

2.3.2　等价类算法

一旦确定了重要性的度量指标，就可以决定基于占优关系的等价类，即迭代的非占优集，故需要一个算法来计算等价类。

下面的算法设计了将节点划分为类的过程。假设是名为 S 的集合，定义集合 NDS 来存放非占优节点，名为 Extra 的集合存放当前迭代步骤的占优节点。当迭代终止，等价类和等价类的排序号都被一步一步输出。等价类算法的伪代码如下所示。

```
Procedure Algorithm For Equivalence Classes
Input: S
Output: equivalence classes and their rank numbers
1.   NDS = S; Extra=empty; Rank=0;
2.   while NDS != empty
3.       for each node a
4.           if ∃b ∈ NDS, such that b < a
5.               NDS = NDS \ {a};
6.               Extra = Extra ∪ {a};
7.           end if
8.       end for
9.       Rank = Rank +1; Output NDS and Rank;
10.      NDS = Extra;
11.  end while
```

2.4　实验结果 I

2.4.1　用于测试的网络实例

蛋白质代谢网络在生物界已得到深入研究。拟南介网络是一种蛋白质代谢网络。这里选取拟南介网络中的一个简单模块,该模块被广泛引用作为研究载体,因为它简单且特征丰富。网络中共有 30 个节点和 34 条边,边代表了两个节点参与了相同的蛋白质活动,如图 2.2 所示。

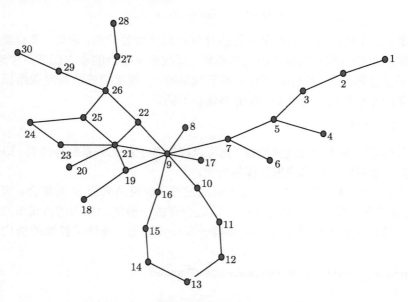

图 2.2　蛋白质代谢网络 (拟南介的一个模块)

海豚网络是 Lusseau 的工作,他观察了 62 只宽吻海豚长达 7 年 (1994 ~ 2001 年) 的社区活动,基于观察数据构造了该海豚网络。网络中的节点代表海豚,节点间连接表示一对海豚间交流活动比期望的交流活动更频繁。整个网络由 62 个节点和 159 条边构成,如图 2.3 所示。

Zachary 俱乐部网络是一个有名的社会网络。Zachary 通过观察一所大学的俱乐部长达 3 年 (1970 ~ 1972 年),俱乐部的历史被重新构造,其数据通过情报和俱乐部对大学活动的记录获得。节点代表俱乐部的成员,边代表成员间的友谊。34 号节点是主管员 John,1 号节点是空手道教练 Hi。该网络包括 34 个节点和 78 条边,如图 2.4 所示。

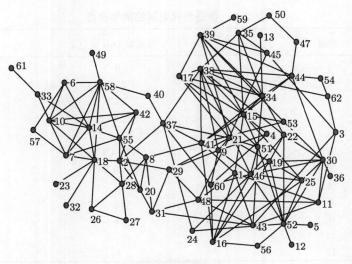

图 2.3　海豚网络

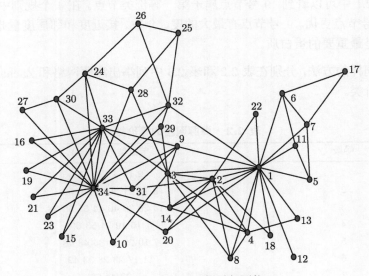

图 2.4　Zachary 俱乐部网络

2.4.2　实验网络的等价类

基于上述的方法，计算各实验网络的节点的等价类。这里设 $nk = 1$，各度量指标如度、介数、接近度等由 UCINET[21] 计算得出。蛋白质代谢网络的等价类在表 2.1 中列举出来。

表 2.1　蛋白质代谢网络的等价类

等级	节点集 ($nk = 1$)
1	9
2	7 21 26
3	5 22
4	10 16 19
5	3 11 15 25 27 29
6	2 8 12 14 17 23
7	13 20 24
8	6
9	18
10	4
11	28 30
12	1

从表 2.1 中可以看到，9 号节点属于第一等价类节点。在 4 个规则中没有其他节点比 9 号节点更优。9 号节点有最大的度、介数、接近度和邻居度量指标。9 号节点无疑是最重要的蛋白质。

根据同样的方法，分别在表 2.2 和表 2.3 中列举出海豚网络和 Zachary 俱乐部网络的等价类。

表 2.2　海豚网络的等价类

等级	节点集 ($nk = 1$)
1	2 15 37 38 41
2	8 18 21 30 34 46 52
3	9 14 29 39 40 44 51 55 58
4	1 16 19 24 53 60
5	7 10 22 31 35 43 48
6	11 17 25 28 33 42
7	20 45 62
8	3 4 6
9	26 27 56
10	13 47 54
11	5 12 50 57
12	36 59
13	23 32
14	49
15	61

从表 2.2 中可以看出，节点 2、15、37、38、41 是最重要的。尤其是节点 37，因为它连接了两个社区。从实验上也可以看到，失去 37 号节点将导致社区的分裂。2 号节点属于小社区的重要节点，并且是小社区和大社区的重要连接节点。而节点 15、38、41 是大社区中的重要节点。这一示例表示等价类算法可以得到有代表性的节点。

从表 2.3 中看出，1 号节点 (空手道教练) 和 34 号节点 (主管员) 是最重要的。他们都是分离后的俱乐部的核心节点。

表 2.3　Zachary 俱乐部网络的等价类

等级	节点集 ($nk = 1$)
1	1 34
2	3 33
3	2 9 32
4	4 14
5	6 7 20 24 28 31
6	8 26 29 30
7	5 10 11 15 16 19 21 23 25
8	18 22
9	13
10	12 27
11	17

2.5　度量排序算法的性能

一旦度量指标建立起来，节点就可以按照重要性划分到相应的等价类中。

PageRank 和 HITS 算法是最有名的算法，被设计用来自动检测网页的重要性。这些算法已被延伸到解决不同的目标和用于复杂网络数据分析[65]。

全局"排序"节点的重要性的算法必定会生成全局性序列，因而可用等价类算法生成的偏序序列和要比较的算法生成的全局序列的距离来度量算法的性能。

如果用偏序序列作为基准，则相对于被比较的序列，与偏序序列的冲突被看成一个单位的距离，在此基础上偏序序列和被比较序列的距离可被定义。实际上，这个距离就是相似度的度量指标。一旦获得最大距离，相似度比率就可定义。这里用覆盖率来表述相似度比率。

2.5.1 覆盖率

用一个简单的例子解释覆盖率的概念。假设有一个偏序序列，定义为 $\{[1,2], [3,4]\}$，它表示 $\{1,2\}$ 是一个等价类，$\{3,4\}$ 是另一个等价类。全序序列为 $\{4,3,2,1\}$，表示 $4 > 3 > 2 > 1$。那么如何度量这两个序列间的距离？这里用相邻节点交换次数定义距离，即需要多少次交换可将全序序列转换成和偏序序列相一致。对于这个例子，至少需要 4 次，即 $3 \leftrightarrow 2, 3 \leftrightarrow 1, 4 \leftrightarrow 2, 4 \leftrightarrow 1$，故距离为 4。实际上，距离表示了序关系和偏序序列的背离程度。一旦距离确定，覆盖率可被定义为它相对于距离比率的相反情况。对于这个例子，4 次是所有可能序列最大值，故覆盖率为 0。在很多情况下，算法会评估一些节点是同等重要的，导致了"欺骗"，故定义最佳覆盖率和最劣覆盖率来估计最佳情况和最劣情况下的覆盖率。如果想获得最劣覆盖率，算法得到的序列为 $\{4, \{2,3\}, 1\}$，意味着 3 号节点等价于 2 号节点。因为在偏序序列中 2 号节点先于 3 号节点，所以将其改写为 $\{4, \{3,2\}, 1\}$，2 号节点和 3 号节点相对在偏序序列中的位置是不同的，故这个覆盖为最劣覆盖。下面形式化表述覆盖率的概念。

定义 2.6 (邻居交换) 给定两个序列 $a(a_1, a_2, \cdots, a_n)$ 和 $b(b_1, b_2, \cdots, b_n)$，如果 $\exists i \in [1, n]$，使得 $a_i = b_{i+1}$ 及 $a_{i+1} = b_i$，对任意的 j，$j \neq i \wedge j \neq i+1$，$a_j = b_j$，则称存在一次的邻居交换将序列 a 转换为序列 b，记为 $\mathrm{NS}(a, b) = 1$。

定义 2.7 (两个序列的距离) 给定两个序列 a 和 b，若存在最小的 k 个序列 $s_1, s_2, \cdots, s_k$，使得 $\forall j \in [1, k-1]$，有 $\mathrm{NS}(s_j, s_{j+1}) = 1 \wedge \mathrm{NS}(s_k, b) = 1$，则称 $\mathrm{NS}(a, b) = k+1$，a 和 b 的距离为 $\mathrm{dis}(a, b) = k+1$。

定义 2.8 (序列到序列集的距离) 给定一个序列 a 和一个序列集 S，从 a 到 S 的距离为 $\mathrm{dis}(a, S) = \min \{\mathrm{dis}(a, i) \,|\, i \in S\}$。

偏序序列实际上可以看成序列集，故总排序序列和偏序序列的距离实质上是从一个序列到一个序列集的距离。对于存在等价节点的序列，可以将它看成序列集，并选择序列集中最优序列和最劣序列来表示它，即通过最优覆盖和最劣覆盖来度量它。

对于一个给定的网络，假设偏序序列为 P，被比较的序列为 a，则所有可能序列将被构造为一个集合，记为 PS。于是覆盖率可表述为

$$\text{Coverage} = 1 - \frac{\mathrm{dis}(s, P)}{\mathrm{Max}(\{\mathrm{dis}(k, P) \,|\, k \in PS\})} \tag{2.7}$$

如果将被比较的存在等价节点的序列看成序列的集合，记为 S，则可以定义最优覆盖率和最劣覆盖率，即

$$\text{BestCoverage} = 1 - \frac{\text{Min}\left(\text{dis}\left(s, P\right) | s \in S\right)}{\text{Max}\left(\{\text{dis}\left(k, P\right) | k \in PS\}\right)} \qquad (2.8)$$

$$\text{WorstCoverage} = 1 - \frac{\text{Max}\left(\text{dis}\left(s, P\right) | s \in S\right)}{\text{Max}\left(\{\text{dis}\left(k, P\right) | k \in PS\}\right)} \qquad (2.9)$$

注意最优覆盖率不意味着最优性能。例如，当所有节点在一个等价类里时，最优覆盖率为 1，但没有意义，因为最劣覆盖率为 0。最劣覆盖率相比最优覆盖率是用来度量算法最劣性能的更合适的度量指标。最优覆盖和最劣覆盖的差距揭示了被不正确地看成等价节点的节点数目，因此我们定义另一个子指数确定性比率 (certainty ratio)，记为 Certratio。

由规则 1 可知，对称的节点才相等。假如被比较的算法能够识别相等的节点，并且不会误判不等的节点为相等，则确定度一定是 0，表示排序结果中所有的相等的节点都没有被误判，也没有不相等的节点被判为相等。实际上，假如算法并不借助拓扑以外的额外信息来判别节点，算法一定不能将对称的节点误判成不对称的。只有在有额外的信息的情形下算法才可能误判。确定度与 Best Coverage 和 Worst Coverage 相关。这里，本书给出一个定义，如式 2.10 所示，这一定义可能不适合利用额外信息的算法。

$$\text{certratio}(s) = \text{BestCoverage} - \text{WorstCoverage} \qquad (2.10)$$

2.5.2　覆盖率的算法

计算覆盖率分为两步：第一步，计算 s 和 P 之间的距离，最小邻居交换似乎难以计算，但存在简单算法解决这个问题。每个节点有两个属性值，一个是排序号，一个是被比较算法指派的重要性值。距离为通过排序号排序节点的邻居交换次数。

例如，有 4 个节点 a、b、c、d，它们的排序号为 1、1、2、3。假设被比较算法产生的序列为 d、c、b、a，则相应的排序号为 3、2、1、1，最小的邻居交换数为生成降序排列的排序号序列的邻居交换数。为了获得最小的邻居交换次数，需保证不存在重复的邻居交换。本书采用贪心算法解决这个问题，定义一个数组来记录每个节点和它的后继的距离，算法更偏好于消除最大距离，即这一相应节点和它的后继将会被首先交换。用数组 $\text{Diff}[N-1]$（N 为节点数目）记录节点数组 $R[N]$ 的差异，迭代地交换和后继有最大差异的节点。注意到当排序值序列排完序，数组 $\text{Diff}[N-1]$ 的元素将为 -1 或 0，故算法的终止条件为使得 $\text{Diff}[N-1]$ 中的最大值比 0 小。算法描述如下所示。

```
Procedure DistanceFromSequenceToSet
Input: R[N]
Output: distance
```

```
1.   distance =0;
2.   for k = 1 to N − 1 do Diff[k]= R[k]−R[k+1];
3.   while Max(Diff)> 0
4.       i=findmax(Diff);
5.       swap(R[i],R[i + 1]);
6.       distance++;
7.       for k=max(i − 1,1) to min(N − 1,i + 1) do Diff[k]= R[k]−R[k+1];
8.   end while
9.   Output distance;
```

当使用算法得到最小邻居交换次数后，第二步是计算偏序序列的最大可能距离。最直接的方式是构造最长序列并累计邻居交换数。但这里存在一个简单规则。

假设节点被分割成 NE 个等价类并记为 $E_1, E_2, \cdots, E_{NE}$，并且各等价类的大小为 $|E_1|, |E_2|, \cdots, |E_{NE}|$。注意到任意节点间的最大距离是 $N(N-1)/2$ 个，每一个等价类 E 将导致 $|E|(|E|-1)/2$ 的减除，于是有

$$\text{maxdistance} = \frac{N(N-1)}{2} - \sum_{i=1}^{NE} \frac{|E_i|(|E_i|-1)}{2} \tag{2.11}$$

基于上述方法，最优覆盖率和最劣覆盖率容易得出。实际上，当计算被比较算法的算法效能时，只需要对被比较算法的结果根据重要性降序排列其节点编号，并升序排列等级序位，从而获取最优序列。当然，也可根据重要性降序排列节点和降序排列等级序位生成最劣序列。

2.6   实验结果 II

PageRank 和 HITS 是两个有名的节点重要性排序算法。这里根据度量指标度量它们的效能。进一步比较 4 个选择的度量指标的结果，计算相似度指标。当计算 PageRank 和 HITS 的重要性得分时，对于 PageRank 设定转移概率为 0.15，迭代次数为 200，对于 HITS 设置最大迭代次数为 500，结果基于开源软件 Jung 得到 [67]。

如表 2.4 所示，PageRank 和 HITS 在所有的确定度指标上都得到了最好的结果。这意味着这两个算法在节点相等的问题上都没有误判。在结果中，HITS 在 Zachary 俱乐部网络中取得了比 PageRank 更好的结果，但是在另外的两组结果中有一些欠缺。从表中也可以看到，两个算法都比度指数好，接近度指数则在 Best Coverage 和 Worst Coverage 两项指标上都好于这两个算法。HITS 算法在海豚网上得分最低，而 PageRank 则是在蛋白质代谢网络上得分最低。

总体来说，PageRank 和 HITS 算法都得到了比较高的分数，在相似性比率上得分为 76%~ 90%，而在确定度上则得到满分。

以上是统计的结果，下面以蛋白质代谢网络为例对这两个算法进行解剖研究。结果列见表 2.5 和表 2.6。

表 2.4　PageRank 和 HITS 的效能

		蛋白质代谢网络	海豚网络	Zachary 俱乐部网络
PageRank	Best Coverage	0.814 721	0.868 226	0.885 081
	Worst Coverage	0.814 721	0.868 226	0.885 081
	Certratio	0.000 000	0.000 000	0.000 000
HITS	Best	0.809 645	0.759 840	0.895 161
	Worst	0.809 645	0.759 840	0.895 161
	Certratio	0.000 000	0.000 000	0.000 000
Degree	Best	0.984 772	0.926 982	0.991 935
	Worst	0.723 350	0.848 260	0.866 935
	Certratio	0.261 422	0.078 722	0.125 000
Betweenness	Best	0.977 157	0.937 250	0.977 823
	Worst	0.878 173	0.918 426	0.868 952
	Certratio	0.098 984	0.018 824	0.108 871
Closeness	Best	0.829 949	0.881 346	0.943 548
	Worst	0.819 797	0.869 937	0.913 306
	Certratio	0.010 152	0.011 409	0.030 242
Neighbors	Best	0.890 863	0.879 064	0.907 258
	Worst	0.832 487	0.858 528	0.899 194
	Certratio	0.058 376	0.020 536	0.008 064

由表 2.5 可知，PageRank 偏好节点的度和边缘节点。例如，尽管节点 7 在所有方面都比节点 5 要好，但 PageRank 仍然给了一个较低的等级值。节点 1、4、6、8、17、20 之间的关系清楚地表明了边缘节点偏好。这是 PageRank 没有获得更高分数的原因。

表 2.5　PageRank 的蛋白质代谢网络排序结果

等级	节点集	等级	节点集	等级	节点集
1	9	9	2	17	23
2	21	10	3	18	1
3	26	11	27 29	19	28 30
4	5	12	13	20	4
5	7	13	12 14	21	6
6	19	14	11 15	22	18
7	25	15	16 10	23	8 17
8	22	16	24	24	20

由表 2.6 可知，HITS 偏好邻居和接近度。例如，在 HITS 的结果中，节点 8 和节点 17 被认为比节点 5 重要，节点 25 被认为比节点 26 重要。这些偏好将导致对重要的桥接节点和小社区的某种程度的忽略，这可以解释 HITS 算法在海豚网络上得到最坏的分数的原因。

表 2.6　HITS 的蛋白质代谢网络排序结果

等级	节点集	等级	节点集	等级	节点集
1	9	9	23	17	15 11
2	21	10	8 17	18	3
3	22	11	20	19	4
4	19	12	24	20	12 14
5	25	13	18	21	28 30
6	26	14	5	22	13
7	7	15	27 29	23	2
8	16 10	16	6	24	1

2.7　拓扑势对节点按重要性排序

拓扑势是借鉴物理学中势能的定义而发展出来的描述节点在网络中位置的度量。在复杂网络中，节点和节点之间有边连接，而连接的边对于节点而言，称为度。度较大的节点，在局部范围内具有中心性作用。如果节点的邻居节点也具有较大的度，那么该节点将因为其邻居也重要而有更大范围的影响，即"度的度"比较大。依次类推，当某个节点在全局范围内具有重大影响时，其中心性则比较突出。当将中心看成类似于物理学中"核力场"的中心时，可以将节点视为具有势能，称为"拓扑势"。

中心性常可以用于度量重要性。中心性突出的节点在很多场合下，被认为重要性也比较大。因此，可以用拓扑势来表征重要性。

2.7.1　拓扑势方法介绍

J.M.Kleinberg 等 [76] 和 S.A.Teichmann 等 [77] 对拓扑势做了比较深入的研究。这里，介绍他们工作中的部分内容。

对于任意一个节点，拓扑势可以表示为所有节点对该节点的势的贡献的平均值。这里，一般用 $\phi()$ 函数表示拓扑势，$\phi(j \to i)$ 表示节点 j 对节点 i 的势值的贡献。

对于拓扑势的函数形式，可以选用指数函数形式，这种形式在核力场中被使用；也可以使用平凡反比函数，这种形式在电磁场中常用；当然也可以采用其他函数形式。这里，主要讨论指数函数形式。

指数型拓扑势从数学上可以表示为

$$\phi(v_i) = \frac{1}{N}\sum_{j=1}^{N}\phi(j \to i) = \frac{1}{N}\sum_{j=1}^{N}m_j\left(\mathrm{e}^{-\left(\frac{d_{j \to i}}{\sigma \bar{d}\bar{D}}\right)^2}\right) \tag{2.12}$$

其中，$d_{j \to i}$ 表示节点 j 到节点 i 的逻辑距离；影响因子 σ 用于表示对每个节点所能够影响到的范围的影响比率；m_j 表示节点 j 的质量，用于描述节点的固有属性；$\bar{d}$ 表示平均距离；$\bar{D}$ 表示平均度。

在无权图的情况下，节点间的距离为离散值，拓扑势可以看成"度""度的度""度的度的度"，……，的函数。

2.7.2　拓扑势方法的实验结果

当用拓扑势方法进行节点重要性排序时，其中一个重要的问题是，如何确定 σ 的值。通过上面所提到的度量指标，可以研究 σ 在不同值情形下，拓扑势的排序结果和其他几个单独指标的排序结果的相似程度，从而确定 σ 的经验取值范围。

本书同样以三个实际网络作为例子，探讨在不同的网络条件下，σ 的取值差异带来的变化。

对于蛋白质代谢网络，将拓扑势在不同 σ 条件下的结果分别与等价类算法、度、介数、接近度和邻居指数进行对比，其结果如图 2.5 所示。图中，BPO 表示对等价类算法的最好覆盖率，WPO 表示最差覆盖率，BBetweenness 表示对介数的最好覆盖率，而 WBetweenness 表示对介数的最差覆盖率，BDegree 表示对度的最好覆盖率，而 WDegree 表示对度的最差覆盖率，BCloseness 表示对接近度的最好覆盖率，而 WCloseness 表示对接近度的最差覆盖率，BNeighbor 表示对邻居指数的最好覆盖率，而 WNeighbor 表示对邻居指数的最差覆盖率。

从图 2.5 可以看出，当 σ 为 0.05 ~ 0.15 时，其结果与度的排序结果完全相同，这表明在此范围内，拓扑势方法退化为度方法；当 σ 逐步增大时，与邻居指数的相关性逐步增加，直到达到一个顶点后下降，这表明拓扑势在 σ 取一定范围值的时候，其"度的度"得以显著；当 σ 大于 0.15 后，与介数、接近度和等价类算法的结果的相似度逐步减少；随着 σ 越来越大，拓扑势方法与接近度越来越相似。

从图 2.6 可以看出，当 σ 为 0.01 ~ 0.07 时，其结果与度的排序结果也完全相同，这表明在此范围内，拓扑势方法也退化为度方法；当 σ 逐步增大时，与邻居指数的相关性逐步减少，这一点与蛋白质代谢网络不同，或者说在很小的 σ 增量以后，"度的度"的效应就失去了作用；当 σ 大于 0.07 后，与介数、接近度和等价类算法的结果的相似度也逐步减少；随着 σ 越来越大，拓扑势方法与接近度越来越相似。

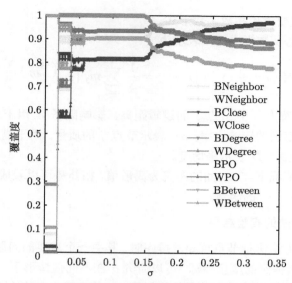

图 2.5　拓扑势方法对蛋白质代谢网络的排序结果与其他指标的对比

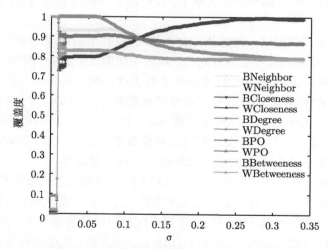

图 2.6　拓扑势方法对海豚网络的排序结果与其他指标的对比

　　从图 2.7 可以看出，当 σ 为 0.01 ～ 0.1 时，其结果与度的排序结果也完全相同，这表明在此范围内，拓扑势方法也退化为度方法；当 σ 逐步增大时，与邻居指数的相似性有所增加；当 σ 大于 0.1 后，与介数、接近度和等价类算法的结果的相似度也逐步减少；随着 σ 越来越大，拓扑势方法与接近度越来越相似。

　　从图 2.5 ～图 2.7 中可以看出，当 σ 较小时，拓扑势方法对应于度方法；当 σ 较大时，拓扑势方法对应于接近度方法；在不同的 σ 下，拓扑势方法得到的结果不一样。总体而言，拓扑势方法与这些指标的相似程度较高，表明拓扑势方法可应用于进行节点重要性排序。

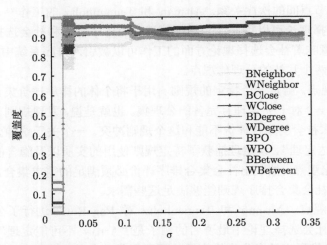

图 2.7　拓扑势方法对 Zachary 俱乐部网络的排序结果与其他指标的对比

2.8　本章小结

1. 结论

复杂网络的重要节点是研究复杂网络结构的关键所在，通常复杂网络中的最重要节点也是复杂系统中的要素所在，在系统的演化具有举足轻重的作用。

(1) 本书提出了一个研究节点重要性排序的框架。这一框架建议了 5 个规则来描述节点的重要性，并建议使用等价类算法来确定节点间的关系，保证每一个规则都得到平等对待，这样保证了得到的重要节点更具有多样性，也使得这一框架能用于评价其他算法的性能。为度量算法的性能提出了衍生于 Coverage 指数上的三个子指数。

(2) 本书通过实验展示了这一框架的应用。本书用三个网络展示了如何得到等价类，并用这三个网络计算了 PageRank 和 HITS 算法的效能。实验结果显示，PageRank 和 HITS 算法表现较好。对蛋白质代谢网络所做的对比分析表明，PageRank 偏好于度和边缘节点，导致一些节点排错序；而 HITS 对邻居和中心性的偏好导致重要节点的多样性不足。一些论文中用这两个算法作为基准，因此需要再考虑这两个算法是否满足作者所做的重要性的定义。考虑到两个算法所得到的分数，这两个算法本身可以被用于快速计算节点的重要性。

2. 讨论

关于节点重要性排序，一个最基础的问题是，是否存在一个统一的方法可以完全确定地描述节点间的次序关系。Altman 和 Tennenholtz 的工作[23, 68]表明，排序系统和社会选择理论可以用同一个模型描述。当排序系统和社会选择理论统一起来以后，这就意味着社会选择理论方面的工作可以被引入排序系统中来。社会选择理论包含以下两个互补的公理化观点。

(1) 描述观点。给定一个特定的规则 r 用于将个体的排序评价集合成社会的排序评价，发现一个对于 r 合理且完备的公理集。也就是说，发现规则 r 满足的需求集合，并且要求社会的集合评价不能和这个规则冲突。一个关于这种公理化方法的结果称为"表达定理"，该定理捕获了特定规则使用的实质以及隐含的假设。

(2) 标准化观点。抽取出社会集合排序评价必须满足的需求集合，试图去发现是否存在一个社会集合排序规则能够满足这些需求。

对于描述观点，Altman 和 Tennenholtz 对 PageRank 进行了公理化。对于标准化观点，社会选择理论中最著名的例子是"Arrow 不可能定理"。Altman 和 Tennenholtz 也推导出社会集合排序评价需要极强的条件，从而自然地得到了不可能结果。

Altman 和 Tennenholtz 的工作表明，不存在一个所有人都同意的排序结果。我们的工作并没有挑战他们的结果，也就是说，我们也承认存在各种各样的合理的排序结果，但我们强调：当用户设定了一个规则和相应的计算公式时，排序结果就已经确定，此时已经脱离了"Arrow 不可能定理"的统治范围，因为引入了外部的独裁性力量；当同时设置了多个规则和相应的计算公式时，规则之间会产生冲突，此时因为等价类算法对各个规则没有偏好，且能够得到多样化的节点，满足"最好的节点就是没有比这样的节点更好的节点"这样的一个简单原则，适合于研究具有重要意义的节点集合，因而推荐使用该方法作为度量基准；拓扑势方法以度和度的扩展为依据，能够较好地逼近几种主流的评价指标的评价结果，可以用于评价大多数情况下节点的重要性。

3. 未来的工作

Altman 和 Tennenholtz 的工作非常有趣，也非常有意义。但我们对于该工作还有以下一些疑虑。

(1) 复杂网络的节点的重要性排序具有不确定性，那么在统计的基础上能否得出一些不同于基于公理化方法的"Arrow 不可能定理"的结论。例如，当我们考虑无标度网络时，如果按照本书第 4 章的观点，存在隐树结构，那么节点的重要性可以由节点在隐树中的层次来决定，此时其排序结果是确定的，并且社会集合评价和个体评价仍然不一致。

(2) 社会选择理论应用到节点重要性排序时，其内在的隐含假设是否还需要仔细重新检查。也就是说，当把社会选择理论引入排序系统中时，是否引入了隐含假设，或者排序系统中的隐含假设与社会选择理论中的隐含假设不一致。在社会选择理论中，似乎隐含假设了评价的等价性，但是在图中，两个社区之间唯一的边是非常重要的，完全不同于两个边缘节点的边。这些将是未来非常有趣的工作。

在本书中所提出的框架目前还只是关注于对称连接矩阵 (无向图)，对于有向图的研究需要深入开展。此外，我们希望能够将这一框架用于实际应用，这需要考虑在随机、不完备信息等情形下如何抽取一些确定性的信息。

第 3 章　复杂网络的骨干

复杂网络中的节点数目常常是令人惊讶的，而正是基于这巨大的数目，以及复杂的节点间的相互关系，复杂网络才呈现出缤纷多姿的现象。然而，众多的节点使得人类从总体上直观地把握复杂网络的性质渐渐变得不可能。如果通过技术的手段能够抽象网络的整体骨干特征以供人类分析，将提升人类处理复杂问题的能力，实际上，这也可以看成对复杂网络的压缩或者知识的抽取。复杂网络通常由边和节点构成，这种简单性使得它的整体骨干特征也能用网络拓扑形式来表示，这就是骨干网络。

现实生活中，提取骨干网络有着重要意义。例如，Internet 的布局就是一个十分庞大复杂的网络结构，怎样获知网络的主干部分情况，以提高网络的鲁棒性和抗攻击能力，对合理布局做出后续决策有参考作用。提取出科学家论文合作网的骨干网络可用于分析。当前学术界的主要研究方向和学术带头人，预测学科间交叉融合的大致情况。经济学领域通过对股票股价行情的网络数据分析，推断出在金融危机中，哪一类国家仍能起着拉动经济增长的作用，揭示经济发展中控制权的变化 [78]。本节把这一类问题归纳为挖掘复杂网络中的骨干网络。

3.1　相　关　研　究

国内外对复杂网络骨干网方面的研究多局限于对挖掘方法的设计，通过对网络中次要节点的过滤达到规模上的简约。Du 等 [28] 通过抽取网络社团核心成员，过滤掉与社团联系松散的成员，用接近度定义核心成员间的权重，生成的最小代价树即为骨干网。Gilbert 和 Levchenko[79] 提出基于重要性和相似性两种压缩方案，用不同指标度量 Internet 网络节点的重要性来压缩原网，重点保存原网的性质和关键信息，同时通过比较不同方法压缩后集散 (Hub) 节点所占比例来评价优劣性，发现路径权重算法优于基于度的度量方法。Suh 等 [80] 研究了压缩数字道路网络，Scellato 等 [81] 分别定义边介数和边信息为边与边之间的权重，构造边的最小生成树获取城市的骨干网络。相关的研究还有将集聚的多个节点看成不同粒度的虚拟节点，以达到较优的可视化效果，如派系过滤 [82]。

这些算法生成的骨干网络大多用生成树的结构表示，考虑了网络成员重要性而进行简约，但大多缺乏对所提取出来的骨干网络的质量进行度量的指标和算法的评价标准。

3.2　骨干网络的度量

骨干网络实质上是整体网络特征的压缩，或者说是最重要的节点所组成的一个子网，该子网代表了网络的整体特征。在现实世界的网络中，常常具有度数比较大的 Hub 节点，这些节点之间的链接是人们研究网络特性重点关注的对象；对于另外的指标，如介数，从某个角度来看，介数最大的节点才是网络的中心。显然，不同角度的重要节点都构成骨干网络的重要成员，也决定了整体网络的特征。

当希望用骨干网络来刻画整体网络时，整体网络显然最好是连通的。考虑到有向和有权图比较复杂，这里先研究无向图的情形。

以公路网为例，高速公路网可以看成所有公路网的骨干网络。在高速公路上，车辆运行速度快，而且能到达重要的节点。当进行快速的远距离运输时，最便捷的路径是就近上高速，然后在高速公路上运行。因此，将骨干网络的度量定义为使得所有节点经该网络 (为整体网络的子网络) 而到达任意节点代价最小 (距离最短) 的最小网络。

骨干网络的度量定义有两个部分。

其一是所有节点经过该子网络而到达任意节点的总代价最小。每一个节点连接到另外一个节点时，共有三个步骤：① 从该节点连接到骨干网络；② 在骨干网络中连接到与目标节点最近的骨干网络中的节点；③ 从骨干网络连接到目标节点。因此，总代价可分为两个部分：一是节点到骨干网络的代价，即骨干网络外的代价 (external cost，EC)；二是节点的连接在骨干网络内部运行的代价 (internal cost，IC)。对于任意一个节点对，其总的路径长度为两倍的节点到骨干网络的距离和骨干网络内部运行的距离。

显然，当强制要求所有的节点都必须经过骨干网络而连接到其他节点，这意味着所有节点对的总最短路径长度一定比将所有节点对直接的最短路径的长度相加起来要大。也就是说，将所有的节点都纳入骨干网络中，其总代价最小，此时捷径可以得到利用。如此，总体代价可以定义如下。

定义 3.1 (总体代价)　总体代价 (TC) 定义为所有节点的内部代价与总体的外部代价的和。

$$TC = EC + IC \tag{3.1}$$

骨干网络的度量定义的第二部分是最小网络。作为骨干网络，需要以最少的节点来刻画整体网络的特征。在同等的代价下，具有较少的节点的骨干网络显然较优。

因此，数学上，骨干网络的度量可以表达为

$$\min \left\{ \begin{array}{l} \text{TC} \\ |\text{BB}| \end{array} \right. \tag{3.2}$$

其中，|BB| 是骨干网的模，即骨干网络的节点数这一定义表明，骨干网络存在很多个，这也与人们通常的观念相符合。按照上面关于骨干网络的度量定义，骨干网络的提取实质上是一个二目标优化的问题。多目标的优化问题目前已经有很多算法进行求解。但是，使用现有的一些多目标优化方法对该问题求解时可能并不太适合。考虑到节点数目是离散的，将这样的问题转化成多个带约束的单目标优化问题后，可能更容易解决，即先固定节点数目。例如，在节点数为 1 时，求解其最优的骨干网络，在节点数为 2 时，求解其骨干网络，……最后，将所有的结果集合起来，就可以得到一个"Pareto 前沿"，即可能的骨干网络，最终在 Pareto 前沿里面继续求解最优的骨干网络。

在上面的定义中，并没有定义具体的外部代价和内部代价如何计算。下面给出相应的定义。

定义 3.2 (节点到骨干网络的距离) 已知骨干网络 BB 和节点 N_i，节点 N_i 到骨干网络 BB 的距离定义为节点到骨干网络中任一节点的距离的最小值。

$$\text{distance}(N_i, \text{BB}) = \min(\text{distance}(N_i, x))(x \in \text{BB}) \tag{3.3}$$

定义 3.3 (外部代价) 外部代价 (EC) 的定义为所有骨干网络外的节点到骨干网络的距离之和。

$$\text{EC} = 2 \times (|V| - 1) \times \sum_{N_i \notin \text{BB}} (\text{distance}(N_i, \text{BB})) \tag{3.4}$$

单一节点的内部代价实际上是从一个骨干网络的节点出发到另一个骨干网的节点的距离。由于所有的节点都必须通过骨干网络与其他节点连接，可以使用所有骨干网络节点对的总的最短距离长度的平均值来进行近似单一节点的内部代价。

定义 3.4 (单一节点的内部代价) 网络 $G = (V, E)$ 中，单一节点的内部代价即平均的内部代价 (AIC) 的定义为所有骨干网络 BB 节点对的最短距离的平均值。骨干网络 BB 的节点个数用 |BB| 表示，网络中的节点数用 |V| 表示。

$$\text{AIC} = \frac{\sum\limits_{N_i \in \text{BB} \wedge N_j \in \text{BB}} (\text{distance}(N_i, N_j))}{|\text{BB}|^2} \tag{3.5}$$

需要说明的是，这里考虑了当两个节点的路径仅包含一个骨干网络节点的情形，所以在计算中，i 和 j 可以相等。

总体的内部代价 (IC) 则是所有节点的内部代价，可以使用式 3.6 近似得到。

$$IC = \frac{|V|^2 - |V|}{2|BB|} \times AIC \tag{3.6}$$

对于一个骨干网络抽取算法，当算法得到了骨干网络时，显然可以用总代价和节点数两个标准来度量这个骨干网络。当然，也可以用平均代价代替总代价。当使用平均代价来进行计算时，可以将平均代价表示为节点到骨干网络的平均距离的两倍加上骨干网络的节点的平均距离。

定义 3.5 (平均代价)　平均代价 (average cost，AC) 的定义为网络 $G = (V, E)$ 中任意一个节点对之间经过骨干网络 BB 的核心的路径长度的平均值，$|V|$ 表示网络节点的数量。

$$AC = 2 \times \frac{\sum\limits_{N_i \notin BB} distance(N_i, BB)}{|V|} + AIC \times \frac{|V| - 1}{2|V|} \tag{3.7}$$

在某个网络的各个骨干网络中，是否存在一个最优的骨干网络呢？显然，当骨干网络的节点增加时，总体代价可能会相应减少，在初期节点比较少时，其减少的幅度比较大；如果当节点增加，总体代价减少的幅度逐渐变小，此时可以看成存在一个最优的骨干网络。但这样的定义由于幅度难以度量，因而比较含糊。这一问题留待以后解决。

当抽取骨干网络时，可以使用各种优化的方法。一个比较常用的方法是贪婪法。贪婪法的思想是：从最重要的节点开始，逐一地节点加入一个节点集之中，形成不同节点数约束下的连通子网，从而得到骨干网络。

在第 2 章中，本书介绍了基于等价类的算法获得最重要的节点，在 3.3 节中，本书将介绍基于等价类算法的骨干网络提取算法。在 3.7 节中，本书还将介绍基于拓扑势节点重要性排序算法的骨干网络提取算法。

3.3　基于等价类算法的骨干网络提取算法

对于骨干网络的提取，一种方式是求解出所有可能的骨干网络，从而再进行分析和处理，这种情形称为"全骨干网络提取"，这一种方法与骨干网络的度量定义相符合。另外一种情形则是，很多现实世界的网络具备层次特性，而等价类算法得到的等价类与网络的层次性具有相关性，在很多情形下，人们可能关心骨干网络所揭示的层次性。因此，对于后一种情形，本书设计了相关算法来得到"考虑了层次性的骨干网络"，这个算法也称为"层次骨干网络提取算法"，显然，层次骨干网络是全骨干网络的一部分特例。

3.3.1　全骨干网络提取算法

当基于等价类算法已经将节点进行了排序后，考虑到等价类算法得到的很多节点具有同样的重要性，需要一种方法来判定哪些节点具备更高的潜力，从而能够逐渐增加骨干网络的节点。

该算法的思想是从等级值最高的节点中选择节点，选择节点的原则是：如果该节点能够与原骨干网络连通，并能增加更多的新邻居节点，则该节点比其他同等级节点优越；如果同等级的节点不满足连通性要求，则从下一等级中优选，直到节点数目达到要求。

例如，对于蛋白质代谢网络，其等价类为 $\{[9], [7, 21, 26], [5, 22], \cdots\}$，由于 9 号节点等级值最高，因此节点数为 1 的骨干网络中的节点为 $\{9\}$；当节点数为 2 时，就需要从 7 号、21 号、26 号节点中进行选择，由于 7 号节点和 21 号节点都与 9 号节点连通，因此只能从 7 号和 21 号中进行选择。21 号节点能得到更多的邻居节点，这也意味着外部代价的减少，因此 21 号节点较优。假设 7 号节点和 21 号节点具有同样的新邻居数，则随机选择一个。

基于等价类算法的骨干网络提取算法实质上是一个贪婪算法，该算法总是从等级值最高的节点出发，在选择新节点的过程中，也优先选择具有更多邻居的节点。这一算法并不保证得到最好的骨干网络，但能保证得到相当不错的骨干网络。算法的输入为节点的排序序位值，记为 $\text{Rank}[N, 2]$，以及需要得到的骨干网络的大小，记为 Size。$\text{Rank}[N, 2]$ 的第一列是节点号，第二列表示每一个节点具有的等级值，等级值 1 表示最优；BB 表示得到的骨干网络。在算法中，$\text{sortrow}(\text{Rank}, 2)$ 为对 Rank 数组按行排序，排序的标准是第 2 列的升序方式，findDirectNeighborsofBB 表示发现骨干网络 BB 的所有直接邻居，SumRank 如式 3.8 所示。

$$\text{SumRank}(N_i) = \sum_{N_j \in \text{Neighbors}(N_i) \wedge N_j \notin \text{BB}} [\max(\text{Rank}(V)) - \text{Rank}(N_j + 1)]^2 \quad (3.8)$$

基于等价类算法的全骨干网络提取算法的伪代码如 F 所示。

```
BB = Function BBWithEC(R[N],Size)
1.   RN = sortrow(Rank, 2);
2.   while |BB| < Size
3.       nodes = findDirectNeighborsofBB(BB);
4.       for each node in nodes
5.           node.NewNeighbors = SumRank(Neighbors(node)−BB);
6.       end for
7.       BB += node with max(node.NewNeighbors);
8.   end while;
```

3.3.2　全骨干网络提取算法实验结果

在本小节的实验中，实验案例选择在第 2 章介绍过的蛋白质代谢网络、海豚网络和 Zachary 俱乐部网络。

基于等价类算法的全骨干网络提取算法使用的是逐步增加节点的方法，因此只需要将包含所有节点的全骨干网络列出，就可以知道全部的全骨干网络了。需要说明的是，本算法基于的是贪婪策略，因此算法所得到的各个骨干网络并非是最优的骨干网络。

对于各个实验的网络，得到的全骨干网络如表 3.1 所示。

表 3.1　等价类算法的全骨干网络提取结果

网络名	节点顺序
蛋白质代谢网络	9 21 25 26 7 5 10 16 3 11 15 24 12 13 19 27 29 2 1 4 6 8 14 17 18 20 22 23 28 30
海豚网络	38 15 46 34 37 21 30 2 55 58 16 52 10 48 43 14 8 39 9 1 28 3 31 26 53 7 19 17 4 45 44 54 57 35 50 18 33 5 6 11 12 13 20 22 23 24 25 27 29 32 36 40 41 42 47 49 51 56 59 60 61 62
Zachary 俱乐部网络	1 3 33 34 2 24 4 26 25 29 31 6 5 17 27 7 8 9 10 11 12 13 14 15 16 18 19 20 21 22 23 28 30 32

根据算法得到的各个全骨干网络，本书计算了各网络的平均代价与骨干网络的节点数的关系图，分别如图 3.1 ~ 图 3.3 所示。横坐标为骨干网络的节点数，纵坐标为平均代价。

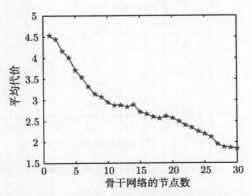

图 3.1　蛋白质代谢网络的各骨干网络的平均代价

从图 3.1 可以看出，平均代价在 11 个节点以后才有拐点。通过拐点的方法来定义最优的骨干网络不仅会受到网络拓扑的限制，而且也会受到算法不精确的限制。即网络拓扑可能导致不存在拐点，此外算法可能不精确，导致有拐点也不能得到。

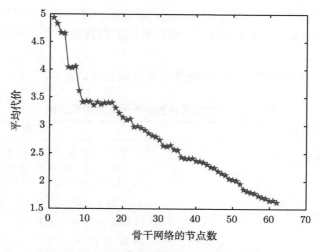

图 3.2　海豚网络的各骨干网络的平均代价

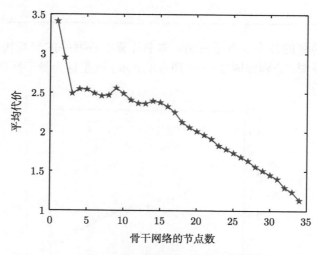

图 3.3　Zachary 俱乐部网络的各骨干网络的平均代价

从图 3.2 可以看出，在初期海豚网络的骨干网络的平均代价衰减很快，但后期下降比较缓慢，这与其具有社区结构相关。

从图 3.3 可以看出，Zachary 俱乐部网络在早期平均代价衰减也很快，后期也很慢。

3.3.3 层次骨干网络提取算法

层次骨干网络主要考虑同等级的节点能否构成一个骨干网络，这一特点可能与网络是否容易崩溃有关。当同一等级的节点不能构成连通的骨干网络时，则加入下一层次的节点，看是否能构成骨干网络。迭代进行，从而得到各个层次的骨干网络。

对于服从幂律分布的复杂网络，其层次骨干网络可能会更有意义，按照第 4 章中的隐树模型，层次骨干网络可能代表了隐树结构中的层次性。

基于等价类算法的层次骨干网络提取算法的伪代码如下所示。

```
BB = Function HBBWithEC(R[N,2],Level)
1.  minRank =1;
2.  for il = 1 to Level
3.      while not isConnected(netMatrix)
4.          nodelist= nodelist ∪ R(find(R(: ,2)==minRank),1);
5.          netMatrix = ExtractNet(nodelist);
6.          minRank = minRank + 1;
7.      end while
8.  Output(netMatrix);
9.  end for
```

这里使用 isConnected() 函数判定一个子网络是否已经构成了连通的网络，用 ExtractNet() 函数表示从整体的网络中将由一部分节点构成的子网络抽取出来。

3.3.4 层次骨干网络提取算法实验结果

在本部分的实验中，仍然以蛋白质代谢网络、海豚网络和 Zachary 俱乐部网络为例。每一个网络获取 4 个层次骨干网络。

对于蛋白质代谢网络的层次骨干网络，得到了在 4 个层次上的骨干网络。从图 3.4 中可以看到，在一些层次上，有一些节点并没有与其他节点相连通。这一个特点在图 3.5 和图 3.6 中也得到体现。

本书也研究了将该算法应用于挖掘服务网络中的骨干服务，并将算法的结果与网络分裂的假说联系在一起，该部分研究结果在 3.5 节。

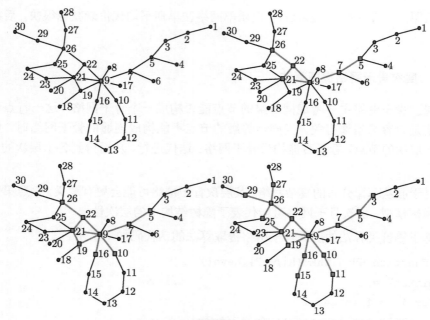

图 3.4　蛋白质代谢网络的层级骨干网络 (后附彩图)

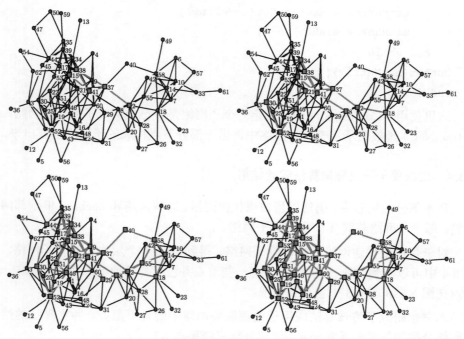

图 3.5　海豚网络的层级骨干网络 (后附彩图)

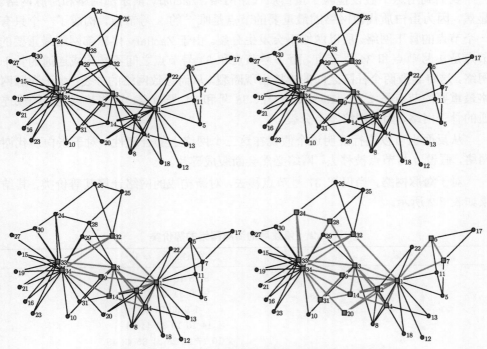

图 3.6　Zachary 俱乐部网络的层级骨干网络 (后附彩图)

3.4　关于网络分裂的假说

　　网络的社区划分问题已得到了比较充分的研究，但是，一个统一的网络如何分裂为两个独立的网络还是一个很难被定义的问题。这一个问题也很难从拓扑方面入手，因为在整个分类的过程中整个网络实际上还是全连通的网络。以海豚网为例，尽管可以通过社区划分方法，如 GN 算法 [12]，将网络划分为两个社区，但是当 37 号节点存在时，该网络实际上还是一个完整的网络，而当 37 号节点消失时，网络分裂为两个独立的社区。这意味着仅依靠社区划分是不能进行网络是否可能分裂的推断的。

　　如果从骨干网络的观点出发，可以提出一个假说。假如所有最重要的节点能够组成连通的骨干网，由于这些节点之间的强烈相互作用，网络不可能被分裂成独立的部分；而当这些最重要的节点不能组成连通的骨干网时，由于其他节点之间的离心作用，社区之间的并不被认为是最重要的连接节点承受着整个网络的离心力，这导致连接有可能断开，从而使得网络发生分裂。

我们利用这个假设检验了蛋白质代谢网络、Zachary 俱乐部网络和海豚网络。显然，因为蛋白质代谢网络的最重要的节点是唯一的 9 号节点，构成了一个只有一个节点的骨干网络，所以网络不会发生分裂。由于 Zachary 俱乐部网络最重要的节点是 1 号节点和 34 号节点，而 1 号节点和 34 号节点之间不能构成连通的骨干网络，这将导致两个社区之间的连接出现断裂，从而导致网络的分裂；由于海豚网络最重要的节点是 2 号、15 号、37 号、38 号和 41 号节点，这些节点能够构成连通的骨干网络，因而网络不会分裂。

从反面也可以进行证明这个假说在这三个网络上的合理性。对于蛋白质代谢网络，假设 9 号节点被移去，网络必然会断裂成碎片。

对于海豚网络，当仅把 37 号节点移去，对新构成的网络计算其等价类，其结果如表 3.2 所示。

表 3.2　　修改后的海豚网络的等价类

等级	节点集 $(nk = 1)$
1	8 15 18 21 38 41
2	2 29 34 46 52 55
3	1 9 30 51 58
4	14 16 19 39 44 53
5	7 10 17 22 28 31 35 43 48
6	11 25 33 42
7	20 45 60
8	3 4 6 62
9	24 26 27 47 56
10	13 54
11	5 12 36 50 57
12	23 32 59
13	40 49
14	61

从表 3.2 中可知，最重要的节点是 8 号、15 号、18 号、21 号、38 号和 41 号节点。18 号节点和 21 号节点与其他节点组成的组件分离，因此出现了三个子网络，即骨干网络分离。也就是说，以 18 号和 21 号节点为中心的社区可能从以 8 号、15 号、38 号和 41 号节点为中心的社区中分离出去，从而导致了网络的分裂。其中，21 号节点所在的社区和以 8 号、15 号、38 号和 41 号节点为中心的社区较为密切，因而网络的分裂首当其冲是以 18 号节点为中心的社区的分离。这就导致了所观察到的两个社区的分离。当 18 号节点所在的社区分裂以后，由于网络的拓扑结构已经改变，每个节点的等级值需要重新分配，这也将引起网络结构的进一步变化。

对于 Zachary 俱乐部网络，如果空手道教练和主管员是好朋友，即 34 号节点

和 1 号节点之间存在一条连接, 对新构成的网络计算其等价类, 其结果如表 3.3
所示。

表 3.3　修改后的 Zachary 俱乐部网络的等价类

等级	节点级 ($nk = 1$)
1	1 34
2	3 32 33
3	2 9
4	4 6 7 14 24 28
5	20 31
6	8 29 30
7	5 10 11 15 16 19 21 23 25 26
8	18 22
9	13
10	27
11	12 17

由表 3.3 可知, 由于新网络最重要的节点依然是 34 号节点和 1 号节点, 当此
时由于 34 号节点与 1 号节点存在连接, 从而能够构成连通的骨干网络, 因而网络
不会分裂。这也证明了, 如果不是空手道教练和主管员的矛盾, 网络也不会分裂,
而是得以持续下去。

对具有无标度性质的网络的骨干网络和网络分裂之间的关系, 将在 3.5 节进行
研究。

3.5　Web 服务网络的骨干网络

Web 服务已成为互联网上的重要计算, 且极大地推动了面向服务的计算
(services-oriented computing, SOC) 与面向服务的体系结构 (services-oriented archi-
tecture, SOA) 的发展。

重用网络上的已有服务, 并且在已有服务的基础上进行再组合形成新的松散
耦合的分布式软件系统是 SOC 和 SOA 的核心思想之一。

为了研究网络上已有服务的总体特征, 可以利用复杂网络的方法构造 Web 服
务网络, 利用骨干网络提取算法提取其层次骨干网络, 从而得到 Web 服务网络的
整体概况。

　　构造网络所使用的数据来自 www.programmableweb.com，经整理得到 Mashup 引用 Web 服务的二模图，如图 3.7 所示。图中灰度图下颜色较浅的节点为 Web 服务，灰度图下颜色较深的节点用这些 Web 服务所建立的 Mushup 应用①。

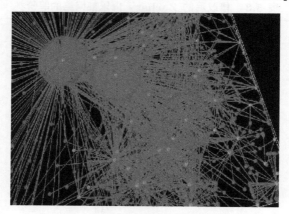

图 3.7　Mushup 引用 Web 服务的二模图

　　在 programmableweb 网站中，数据见表 3.4(使用了两个以上 Web 服务的 Mushup 用多行表示)。

表 3.4　Web 服务和 Mushup 对应关系原始数据表结构

Mushup 名称	Web 服务名称	时间 (按时间顺序排列)
TicTap	Amazon	2005-09-17
Amazon Light	Amazon	2005-09-18
Amazon Light	del.icio.us	2005-09-18
HotOrNot + Google Maps	HotOrNot	2005-09-18
HotOrNot + Google Maps	GoogleMaps	2005-09-18
Dealazon	Amazon	2005-09-20
smugMaps	Smugmug	2005-09-20
smugMaps	GoogleMaps	2005-09-20
Placeopedia	GoogleMaps	2005-09-21
Habitamos maps	GoogleMaps	2005-09-21
...	...	...

　　为了得到 Web 服务之间的关系图，为每一个 Web 服务和 Mushup 建立唯一的标识 ID，其数据格式如表 3.5 所示。在表格中，MID 为 Mushup 的 ID，WSID

①本节数据来源于张海粟博士和马于涛博士对 www.programmableweb.com 中数据的整理。

为 Web 服务 ID，表格按时间顺序排列。

表 3.5 重新构造的 Web 服务和 Mushup 对应关系表

Mushup 名称	MID	Web 服务名称	WSID	时间
TicTap	1	Amazon	1	2005-09-17
Amazon Light	2	Amazon	1	2005-09-18
Amazon Light	2	del.icio.us	2	2005-09-18
HotOrNot + Google Maps	3	HotOrNot	3	2005-09-18
HotOrNot + Google Maps	3	GoogleMaps	4	2005-09-18
Dealazon	4	Amazon	1	2005-09-20
smugMaps	5	Smugmug	5	2005-09-20
smugMaps	5	GoogleMaps	4	2005-09-20
Placeopedia	6	GoogleMaps	4	2005-09-21
Habitamos maps	7	GoogleMaps	4	2005-09-21
...	...	...	...	...

通过分析可知，Web 服务网络是一个典型的无标度网络。其度分布如图 3.8 所示，呈现出了显著的无标度特征。

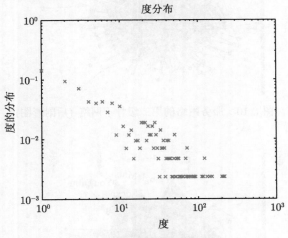

图 3.8 服务网络的度分布

对于这样的无标度的网络，通过等价类算法，得到了该网络的各级层次骨干网络，如图 3.9 ～图 3.14 所示。通过这些图，可知这样的无标度网络具有明显的层次性，并且其抗分裂性非常强，各层次的最重要的节点间构成了全连接子图，即使最重要的节点，如 Google Maps 被删除，其网络仍然不可能分裂，由于是全连通子图，表明连接的冗余程度很高，对于单一的冗余链接的失效，网络不会分裂。这是一种超级稳定的状态。

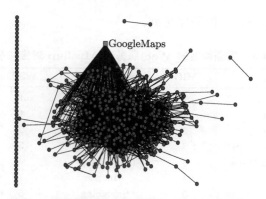

图 3.9　服务网络的第一级骨干网络 (后附彩图)

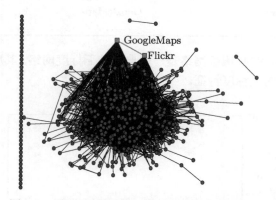

图 3.10　服务网络的第二级骨干网络 (后附彩图)

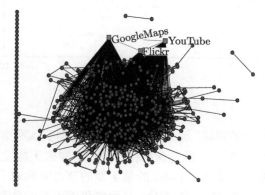

图 3.11　服务网络的第三级骨干网络 (后附彩图)

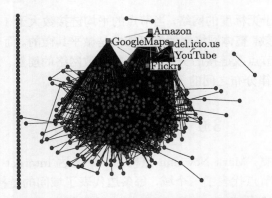

图 3.12　服务网络的第四级骨干网络 (后附彩图)

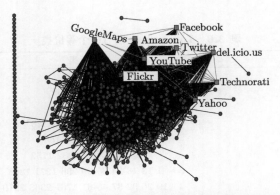

图 3.13　服务网络的第五级骨干网络 (后附彩图)

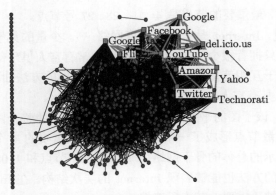

图 3.14　服务网络的第六级骨干网络 (后附彩图)

也就是说，对于无标度的网络，当节点的平均链接数大于 1 时，对于单一节点或者链接的意外失效，整体网络崩解的可能性是微乎其微的。而对于具有社区结构的网络而言，单一节点或链接的失效，将可能导致网络的崩解。这一点，可能暗示了网络的崩解和幂律分布之间的关系。

3.6　Internet 的结构

根据分开的数据，Mark Newman 重构了一个表达 Internet 结构的网络①。在这个网络中，每个节点代表了一个域，每条边代表了域间的链接。该网络共有 22 963 个接线和 48 436 条边。

本节使用了等价类算法来分析 Internet，并且列出了前 10 个等价类，如表 3.6 所示。

表 3.6　Internet 的前 10 个等价类

等级	节点集
1	4 15 23 27
2	3 11 39 40 59
3	7 12 36 51 55
4	16 20 25 43 56 64 128
5	14 38 42 129 158
6	21 46 53 58 1282 1752
7	1 13 18 24 35 99 296 1271 1868
8	19 26 32 37 45 61 1761 2363 2910
9	5 28 29 63 157 189 219 1272 1279 1826 1895 2493
10	22 69 161 180 333 1454 1497 1833 1875

由表 3.6 可知，最重要的节点是 4、15、23、27 号节点。

人们已经知道，Internet 是一个无标度网络[83]。少量的集散节点拥有大量的边，而大量的节点只拥有很少的边。Internet 还常常有富人俱乐部现象[84]，也就是说，集散节点倾向于互相连接在一起。本节利用所提出的方法抽取了一个子网，节点展示了 Internet 具有富人俱乐部现象，如图 3.15 所示。

图 3.15 显示，该子图的平均度为 31.042 3，而对应的整个网络的平均度只有 2.109 3，意味着集散节点形成了一个致密的核心。最重要的 4 个节点形成了一个完全图。例子中展示的总体的骨干网络由 71 个 Hub 节点和 1102 条边组成。

此外，所提出的方法也能够展现 Internet 的层次结构。在 Internet 里面，节点越重要，越有可能被更重要的节点所连接。

---

①本书所使用的文件为 as-22july06.zip，该文件能够在 Newman 的个人网站上找到。

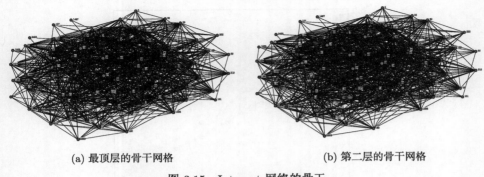

(a) 最顶层的骨干网格　　　　　　　　　　　　　(b) 第二层的骨干网格

图 3.15　Internet 网络的骨干

3.7　基于拓扑势方法的骨干网络提取算法

在拓扑势方法中，σ 的变化影响了节点的重要性排序结果，因此依据重要性来进行骨干网络的提取会出现不稳定的结果。

考虑到拓扑势方法和几个度量指标都比较相似，这里折中处理，将 σ 设置为一个定值 0.1，该定值的实验结果较好。

考虑到采用不同的函数形式，拓扑势方法得到的结果都不相同，且每个节点的拓扑势值很难利用数量关系的比值，因此可以利用拓扑势得到节点之间的相对位置关系，然后利用相对位置关系来确定如何选入骨干网络。实际上，从数学上看，此时拓扑势得到的是较为特殊的等价类，在这个方法中，等价类比较小，每个等价类常常只有一个元素。

在这个算法中，算法结构参考 3.3.3 小节中基于等价类算法的层次骨干网络提取算法，只是需要将拓扑势的结果预处理为等级值。预处理的方式很简单，按照大小顺序赋予等级值，相等的拓扑势赋予相对的等级值。这里不做详细的说明。

3.8　基于拓扑势方法的骨干网络提取算法实验结果

依据拓扑势方法，为了验证拓扑势方法所得到的全骨干网络的提取结果，对实验网络进行了计算。实验结果与等价类算法得到的全骨干网络进行了比较。注意到这两种方法得到的骨干网络都是基于贪婪策略生成的，因此并非得到的是最优的骨干网络。

图 3.16 ～图 3.18 的横坐标为骨干网络包含的节点数，而纵坐标为该骨干网络的平均代价，其中，TP 表示拓扑势方法，EC 表示等价类算法。

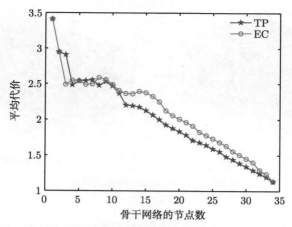

图 3.16　拓扑势方法的蛋白质代谢网络的各骨干网络的平均代价

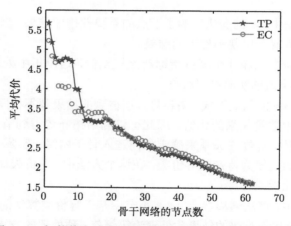

图 3.17　拓扑势方法的海豚网络的各骨干网络的平均代价

从图 3.16 可以看出，在大多数情形下，拓扑势方法得到的骨干网络比基于等价类算法得到的骨干网络要好，其平均代价较低；在初期，等价类算法得到的结果略好。

从图 3.17 可以看出，两种方法的结果不相上下，在规模较小时，等价类算法占优，而在规模较大时，拓扑势方法占优。

从图 3.18 可以看出，在本示例上，等价类算法在不同的规模上都占据优势。

总体来说，对于所选择的三个实验网络，这两种方法在效果上不相上下。

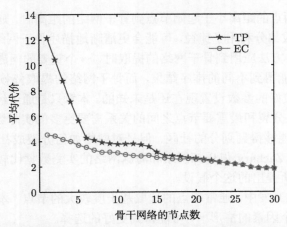

图 3.18　拓扑势方法和等价类算法的 Zachary 俱乐部网络的各骨干网络的平均代价

3.9　本章小结

1. 结论

复杂网络的骨干是复杂网络的核心，是复杂系统演化的决定性力量。

(1) 本章研究了骨干网络的度量。依据交通网络的启发，将骨干网络定义为重要节点组成的连通子网，并给出了具体的度量方法。

(2) 本章研究了骨干网络提取算法。骨干网络的规模可大可小，在不同的规模上均可以得到骨干网络。本章提出了基于拓扑势方法和等价类算法的骨干网络提取算法，用于提取各规模条件下的骨干网络。此外，实际的复杂网络常常满足幂律分布，有些满足幂律分布的网络具有明显的层次性，提取各层次的骨干网络有利于了解该网络的整体特征。本章提出使用等价类算法提取该类型的网络，并将该方法应用到 Web 服务网络的提取中。

(3) 骨干网络与网络的分裂在常识上具有相关性。本章假设最重要的节点不能构成连通子网时可能导致全网络分裂，在这样的假设下，验证了三个实验网络的正例和反例，结果与假设吻合。

(4) 本章研究了 Internet 的骨干网络。本章提取了 Internet 的骨干网络，可视化地展示了 Internet 的结构。

2. 讨论和未来的工作

(1) 在本书的骨干网络度量的定义中，即使两个节点直接连接，也必须经过骨干网络然后回到原点。在后面的研究中，可以考虑对这一度量的定义进行修改，可行的修改为：当两点的距离小于起始节点到骨干网络的距离时，则不需要通过骨干网络，这样的修改部分利用了捷径，可能会更清晰地描述骨干网络的特征。

(2) 将拓扑势方法应用到骨干网络的提取时，一个重要的问题是，拓扑势方法在不同的参数下能得到不同的排序结果，而骨干网络的提取依赖于较好的排序结果。如何得到比较好的参数设置现在还是未知的。本章只是通过经验设置了 σ 值。

(3) 对于网络分裂和最重要节点之间的关系需要更多的实际数据的支持。尽管社区划分的算法能够得到划分的社区，但是对网络如何分裂成社区的工作还处于初步阶段。目前，Zachary 俱乐部网络和海豚网络的实测数据比较可靠，但更多的案例有利于检验所提出的这个假设。

(4) 在医药的开发中，通常靶点的选取基于度较大的节点。本章的研究中，暗示了综合考虑多个因素的情形下，可能得到更好的选择。

第三篇

复杂网络的层次与演化

第4章 复杂网络的层次演化模型

4.1 无标度网络与偏好

在现实世界的网络中,有一些网络服从幂律分布。比较典型的例子是 Web 链接的分布、引用网络的引用分布等。这些分布是如何得到的呢? 在这些分布的后面隐含着什么样的规律呢? 不少研究者提出了多种多样的解释。其中,最广为人知的解释是 "偏好连接" 或者说 "偏好依附"。这一解释最初被用于解释 Web 链接的无标度性的突现问题,现在则被泛化性解释许多复杂网络中的度分布规律。但是,这一解释还存在一些问题,尤其是原始的 BA 模型的解释。例如,全局信息假设,线性偏好的存在假设,不兼容于小世界效应的 WS 模型并且对新的巨型 Internet 公司的出现难以解释的缺点。此外,这一模型还有可能被质疑为 "循环论证",这一质疑在达尔文的进化论中也出现过,因而得名 "达尔文的梦魇";BA 模型同样难以克服这一质疑,因此可以称为 "Barabási 的梦魇"。如果要克服循环论证,只有一个选择:使用新的证据和事实。也就是说,"偏好连接" 如果被应用到解释现实世界中的复杂网络的度分布呈现幂律分布特征,这也只是一个从现象 (偏好连接现象) 到现象 (幂律分布现象) 的解释,而其中必定有更深层的机制在发挥作用。

在现实世界的网络中,很多网络具有明显的层次性现象,在 Web 中,这个现象更加明显。如 sina.com.cn 网站,其中就有财经、新闻、体育等数十个栏目,而财经栏目中,又有股票、基金、港股等十几个栏目。不仅这些大网站,在小网站上,层次性也是一个必须遵守的网站设计规则。当网站被层次化地设计以后,网页的遍历就成了一个问题。对于这一问题,在网站设计时,一个显式的规则是:不能利用浏览器的后退、前进功能,而必须在网页中给出回溯的链接。这实际上也是假设当用户浏览了该网页时,对于其一般性的话题也很可能会很有兴趣。例如,对某一只股票感兴趣的读者,常常对类似的股票很有兴趣。这样的规则或者类似的规则所导致的层次性是否会导致幂律分布呢? 如果导致幂律分布,是否会出现偏好连接的现象呢? 是否能与现实世界中复杂网络所具有的小世界效应保持一致呢? 是否能解释一些现实世界中的复杂网络所带来的一些特殊的问题,如 Google、Facebook 等公司的快速崛起呢?

在复杂网络之外,也有很多现象服从幂律分布,如社会中个人财富的分布就是一个例子。这样的例子和 Web 网页的度分布是否遵循同样的机理呢? 层次结构是否与这些分布有关呢?

在本章中，① 通过将隐树结构引入 Erdős-Rényi 模型，得到了满足幂律分布的复杂网络，并且在各种参数情形下，复杂网络的度分布均满足幂律分布，此外，所得到的复杂网络具有小世界效应。其中，平均最短路径长度和聚集系数可以通过单一的参数进行调节，这一模型能容易地解释 Google、Facebook 等公司的快速崛起，也能体现偏好连接现象。② 讨论了该模型的变形所产生的复杂网络的度是否满足幂律分布。③ 讨论了在隐树模型下，财富的分布满足幂律分布。④ 研究了多个隐树复合情形下的度和财富分布情形。⑤ 借鉴社会选择理论在 Web 链接中的应用，从理论上研究了模型的幂律分布特性。

4.2　对 Web 链接的幂律分布的一个解释

在 1999 年以前的 40 年里，人们一直相信现实世界中的复杂网络是泊松随机网络。这一信念来自于 Erdős-Rényi 模型 [3]，该模型说假如网络中的每一个节点以一个不变的概率随机地连接到另外的节点，那么节点的度将服从泊松分布。但 Barabási 和 Albert [1] 发现在一个现实世界中的网络，如 Web 网页所组成的网络中，Web 网页的连接性服从幂律分布，而非泊松分布，这意味着 Web 网页之间的连接不是基于完全的随机，而是存在一种未知的机制。Barabási 和 Albert 因而提出了一个模型，这一模型通常称为 BA 模型，在这个模型中，每一个网络都是演化的结果，每个网络的初期都有初始的种子，种子包含几个节点，以及节点之间的边，新的节点一个接一个地连接到已有的节点，连接的规则是：按照已有节点的度，连接到某一个节点的概率线性地和这些节点的度成正比。这一个解释和 Yule process[7, 8]、Price's model[9] 相似，并且是 Simon's model[10] 的一个特例，因而被广泛接受。

然而，BA 模型自从其诞生之时起就没有摆脱过挑战。首先，在这个模型中，每一个新节点都必须知道关于整个网络的所有的信息 [44]，这一个假设称为全局信息假设。显然在一个稍微有点规模的网络中，个体知道全局所有节点的所有信息是不可能，更不用说像数以亿计的 Web 网页这样的复杂网络了，在这样的网络中，几十亿条级别的信息很难被收集、存储和处理。其次，每一个节点将理性地采取行动，这一行动需遵守一个线性的偏好规则，即连接到某一节点的概率与该节点的度正相关，这可能会带来节点的度和年龄之间的一个关联性 [5, 6, 85]。这一假设对于网络中所有的节点 (网页) 而言，的确会带来沉重的负担。最后，在网络的无尺度属性被发现以前，Watts 和 Strogatz 已经发现现实网络中存在小世界效应 [2]，但是 BA 模型与 Watts 和 Strogatz 所给出的小世界模型并不兼容。此外，当应用 BA 模型去解释现实世界中的一些现象时，也会遇到问题。在 BA 模型看来，具有较高连接度的网页将变得越来越重要，也就是富者越富，这意味着小的 Internet 公司很难挑战现有的大公司。现在我们知道，这一点并不正确，在 Yahoo 等公司之后，Google、Facebook 等公司仍然快速崛起。另外，这样的公司并不是很例外的例子。

科学家已经提出了很多 BA 模型的修正版本来响应这些挑战。Vázquez 提出了一个 "adding + walking" model 来克服全局信息假设 [44]。Bianconi 和 Barabási 提出了 BA 模型的扩展来解释为何年龄和度可以不相关 [40, 86]。Ravasz 和 Barabási 提出了层次组织的模型 [87]，该模型试图 "将模块性、高聚集系数和无标度拓扑置于同一个屋檐下"。但这些模型并不能解释所有上面提到的问题。

进一步地，偏好连接实际上是马太效应的一个变体 [88]。马太效应实际上是一个正反馈现象，用来解释网页的度分布使用的是这样的论证方式："节点度多的原因是节点的度多"，这很容易被看成 "循环论证"，这一现象在进化论中也存在，称为 "Darwin 的梦魇"。对付这样的指控，在进化论的证实过程中，使用的是寻找基础事实的策略。在偏好连接的问题上，也需要采用这样的方法，即寻找更基础的事实来产生复杂网络，该复杂网络的度具有幂律分布。这样才能有更强的说服力。注意到这样一个事实：大多数的 Web 站点都在逻辑上将网站的内容组织成为一个树形结构，以便于具有层次性，便于理解和控制，但是这一树形结构从数据分析的角度出发，很难将他们从纷杂的链接中抽取出来，即网站具备 "隐含的树"(隐树)。基于这样的思想，这里假设所有的网站都有隐树结构，并且使用一个虚拟的节点 (网页) 将这所有的节点链接起来构成一个树形结构。由于树形结构的构造是为了和人类的认知规律相一致，因而当一个节点指向另一个节点的时候，很可能这一个节点也会指向该节点的上级，以及上级的上级等。同时，源节点也指向自己的上级，自己上级的上级等，以提供更一般化的信息。实际上，这意味着节点同时指向了从源节点到目标节点路径上的所有节点，通过这样的方式，以提供更多有价值的信息。

因此，这里对 Erdős-Rényi 模型进行改进，假设所有节点被组织成隐树，当随机选择的一个节点链接到另一个随机选择的节点时，这个节点也必须同时链接到这两个节点在隐树结构中的最短通路中的每一个节点。

4.2.1　Web 链接的隐树模型介绍

在隐树模型中，所有的节点被组织进一个隐树。和 Erdős-Rényi 模型一样，每个节点以一个不变的概率被选择作为源节点①，这个不变的概率命名为 activity，再从另外的节点中选择一个作为目标节点。和 Erdős-Rényi 模型不同的是，源节点不仅链接到目标，也需要连接到两个节点在隐树结构中的最短通路中的每一个节点。

---

①Erdős-Rényi 模型是两个节点之间的链接概率是不变的，和隐树模型给出的方法等价，该方法是 Erdős-Rényi 模型中方法的一个简化，以便于在仿真时降低计算量。

假定隐树是一个 n 叉树，n 是每个节点平均的子节点数目。当 $n=2$ 时，隐树是一个二叉树。所有节点的数目记为 N，如前面所述，每个节点有一个变量 activity，表示该节点被选中的次数。

一旦隐树结构固定，那么每个节点说对应的等级值，即在树中相对根节点的距离也确定了，对于节点 i，其等级值为 $\mathrm{Rank}(i)$。假设根节点的等级值为 1，即 $\mathrm{Rank}(1)=1$，其子节点的等级值为 2，孙节点的等级值为 3，以此类推。这里使用以下算法生成隐树结构。

在这个算法中，使用一个名为 nodealt 的队列来存储没有被嵌入树结构的节点，而使用 dealt 去代表以及嵌入到树中的节点，使用名为 tree 的矩阵来存储节点之间的关系和个体所在树中的等级值。

```
0.Initialize the variables tree and nodealt, dealt;
1.while nodealt is not empty
2.    tbNum = k;
3.    while tbNum > 0
4.        rnd= random(0,1);
5.        if rnd < tbNum
6.            if nodealt is empty break; end
%Set the ranking number.
7.            tree(dealt, nodealt) = Rank(Dealt(1)) + 1;
8.            tmp = popup(nodealt);
%Attach the last element of nodealt to dealt.
9.            attach(dealt,tmp);
a.        end if
b.        tbNum = tbNum −1;
c.    end while
d.    popup(dealt);
e.end while
```

当隐树结构被生成以后，节点之间的链接将通过算法来生成。这个算法为基于隐树的 Web 链接的幂律分布算法，伪代码如下所示。

```
0.Initialize AdjMatrix and generate the hidden tree;
1.for i=1: N
2.    act = activity;
3.    while act > 0
4.        rnd= random(0,1);
5.        if rnd < act
```

```
6.           nodenum = SelectANodeRandomly();
7.           path = GetPath(i, nodenum);
8.           AdjMatrix(i,nodenum)=1;
9.           AdjMatrix(i,path)=1;
a.      end if
b.      act = act −1;
c.   end while
d.end for
```

算法的结果是生成一个邻接矩阵,该邻接矩阵 (记为 AdjMatrix) 代表生成的复杂网络,邻接矩阵中的元素值为 1 表示行号和列号所代表的两个节点之间存在链接。算法使用函数 SelectANodeRandomly() 来代表随机选择一个目标节点,使用函数 GetPath(source, destination) 表示在隐树结构中寻找从源节点到目标节点的最短通路中所有的节点。

为了简化,该模型设置了一些隐含的假设。首先,隐树结构被简化成 n 叉树。也就是说,每一个 Web 页面从逻辑角度看都有相同的子节点数目,或者是相等的平均子节点数目。其次,每一个节点都有相等的概率连接到其他的节点,这一概率即为 activity 变量。再次,隐树结构是静态的。最后,链接到通路中节点的规则。在现实世界中,一些 Web 站点并不是按照规则的树来组织网站的内容,甚至并不使用树形结构来组织;activity 也许并不均匀分布,一些页面不必要连接到其他节点;隐树结构可能随时间动态变化;当链接到通路中的节点时,可能只有一部分节点被链接。本书并不考虑这些问题,尽管可能这些问题并非不重要。本书关心的是,隐树结构是否能生成具有“偏好连接”现象的幂律分布,从而为 Web 中标度的突现提供一个可能的解释。

4.2.2　实验结果

这一模型相当简单,仅有三个参数。假如这一模型能够被用于解释 Web 中标度的突现,那么这一模型所生成的网络的度分布必须服从幂律分布,也就是说,$P(k) \sim k^{-\gamma}$,这里 k 是节点的度,而 γ 是常数。和 BA 模型一样,这里只讨论入度的分布。通过实验,可以发现这一模型对于三个参数的变化都非常鲁棒,都可以生成具有度幂律分布的网络[①]。

此外,实验也检验了算法所生成的网络是否具有小世界效应,结果显示,平均最短路径长度由变量 activity 控制,当 activity 变大时,平均最短路径长度减小。

---

① 本章关于分布的图形均由江健博士编码生成。

1. 所生成的网络的度分布

为了验证节点数目 N 的变化的效应，这里选择 $n = 2.0, \text{activity} = 0.4$，令 $N = 1\,000$、$2\,000$、$5\,000$、$10\,000$、$20\,000$，得到图 4.1。

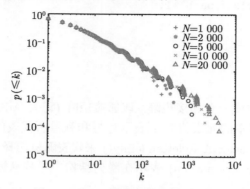

图 4.1　当 N 变化时的度累积分布

从图 4.1 中可知，当节点的个数 N 变化时，指数 γ 并不变化。在曲线的尾部，也存在指数截断。通过指数截断在图中的位置，可以明显看到当 N 增加时，开始截断的位置向右移动。这一现象显示，这一阶段源于有限的节点。而且，从图中可以发现当 N 增加时，曲线出现了断续的现象。这一效应可以归因于离散的层次数。因为随机性，在同一层中的节点的度将是不同的，这导致了曲线出现了快速的下落。

为了验证子节点数目 n 的效果，选择 $N = 10\,000, \text{activity} = 0.4$，并且设置 $n = 1.5$、2.0、2.5、5.5、7.5，得到图 4.2。

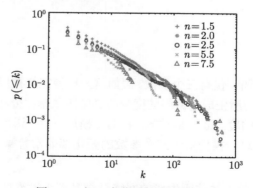

图 4.2　当 n 变化时的度累积分布

从图 4.2 可知，曲线仍然是线性的，这表明对于不同的 n，入度的部分仍然满足幂律分布。但当 n 增加时，曲线的断续现象更加明显。

为了验证变量 activity 的效应，选择 $n = 2.0$、$N = 10\ 000$ 且令 activity = 0.08、0.16、0.32、0.64、1.28，得到图 4.3。

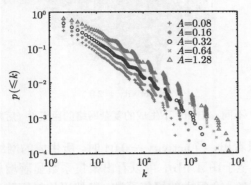

图 4.3　当 activity 变化时的度累积分布 (后附彩图)

从图 4.3 可知，对于不同的 activity，入度分布也服从幂律分布。当 activity 较小时，曲线和理想的幂律分布拟合得非常好。

上面的实验结果显示，对于不同的参数，算法所生成的网络的入度的分布总是服从幂律分布。

2. 所生成网络的小世界效应

假如该模型能解释小世界效应，那么生成的网络需要具有高的聚集系数和小的平均最短路径。通过接下来的实验，可以发现聚集系数和变量 activity 相关。当 activity 增加时，所生成的网络的模式从类似社区的结构转换成小世界结构，最后是超小世界结构。当然，从理论的观点来看，最终网络是一个完全图。

为了可视化实验结果，选择 $N = 300, n = 2, \text{activity} = 0.04$ 和 $N = 100, n = 2, \text{activity} = 0.4$ 以及 2.0。因为聚集系数由变量 activity 决定，节点个数 N 并不是很重要。这里设置 $N = 100$ 仅仅是因为所得到的图片在有太多节点的情况下显得不清晰。如图 4.4(a) ~ (c) 所示。

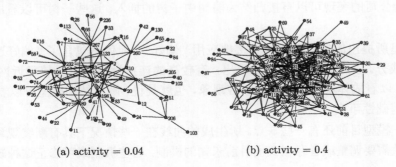

(a) activity = 0.04　　　　　　　　　(b) activity = 0.4

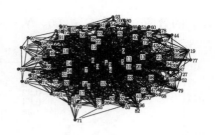

(c) activity = 2.0

图 4.4　不同 activity 下生成的复杂网络的巨组件 (后附彩图)

从图 4.4(a) 可以看出，当 activity = 0.04 时，所生成的网络的巨组件看上去像有社区一样的结构。至于图 4.4(b)，可以看出聚集系数显著增长。图 4.4(c) 显然不是一个完全图，但它有一个很大的聚集系数，当然平均最短路径也减少了。当平均聚集系数越大，平均的最短路径越小。这些结果显示在该模型中，小世界效应和无标度属性并不冲突。

4.2.3　Web 链接的幂律分布的讨论

总体来说，偏好连接被广泛接受作为 Web 网页的标度突现的解释。然而，这一机制很难通过自身将一些对这一机制的挑战驱逐出去。这里提出的模型通过利用 Web 中一个明显的特征——隐树结构产生了有价值的结果：第一，这一个模型生成了其度服从幂律分布的网络，这一结论暗示这一模型是一个针对 Web 链接形成机制的可选的解释；第二，这一模型并不适用全局信息假设，也就是说，节点并不需要访问网络中所有节点的信息；第三，这一模型并不包含显式的偏好 (从另外的角度，存在隐式的偏好，树形结构导致较高层的节点比低层的节点少，可以看成一种偏好)，取而代之的是，基于一个假设：网站的设计者希望读者能够对所访问的网页的一般化的论题也感兴趣；第四，这一模型集成了小世界效应，可通过一个参数控制效应的显著性；第五，这一模型能够被用于解释 Google 和 Facebook 这样的公司的异军崛起。因为这一模型并不与时间相关，或者说，所有的节点可以并行动作，新公司的突现可以直接归结为隐树中子树的插入，这些子树可以看成"小生境"。

这里所提出的模型并没有直接地应用"偏好"，但仍然包含了"偏好连接"的合理的成分。从生成的网络可以看出，有较高的连接性的节点比较靠近网络的中心，这可以看成体现了某种马太效应现象，也就是说，隐树结构模型可以看成马太效应的基础性事实。

这一模型目前还有一些缺点。所生成的曲线在一些情况下具有断续现象，这意味着参数需要调整或者存在我们目前未知的机制，这些机制或可修正这种缺点。例如，可以将所有的节点设置为活跃的，也就是说，这些节点可以链接其他节点，而另外的节点是不活跃的，也就是说，这样的节点只能接受链接。这种模型的变形实际上是一个幂指组合方法，这是经典的生成幂律分布的方法 [35,89-91]，此时隐树结构变成了幂指的完美的载体。不管这些具体的机制，隐树结构显然可以被看成一个解释 Web 的标度突现的关键。

尽管这一模型是为了解释 Web 的标度突现而提出的，它也能被使用去解释食物网、财富分配等。这些现象中也包含了隐树结构。

4.3　隐树结构重叠带来的效应

对于层次结构，如果每个节点都同时属于几个网络，或者说在不同的视角下实际世界可以被建立成各种网络，在这种情形下，财富的分布是否会出现变化。

假设节点同时存在于两个隐树结构中，且节点在隐树结构中的位置是随机的，那么在这样的情形下，其财富分布会是怎样的呢？

这里，只展示 activity 变化时的情形。在实验中，$A = 0.08$、0.16、0.32、0.64、1.28，另外的参数设置为 $N = 10\,000, K = 1.5, g(\mathrm{ranknum}) = 0$，得到如图 4.6 所示的分布。

从图 4.6 中可以看出，重叠结构并没有改变幂律分布。

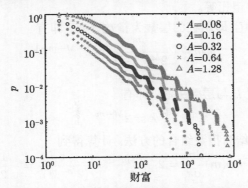

图 4.5　当 activity 变化时的隐树结构重叠条件下的财富累积分布

4.4　隐树模型理论分析

如果将所有的节点看成智能体，那么节点之间的链接可以看成源节点对目标节点的投票，无向图中的链接可以看成双向的链接，这样，节点的入度实际上就是所有节点对该节点的评价，而节点的出度实际上是该节点对所有节点的评价。这样的评价显然可以抽象成一个函数。

在上述的抽象以后可知,复杂网络中的度分布实际上是所有节点的评价的累加的分布。假设用 $f(X;x_i)$ 表示所有节点 X 对于单一节点 x_i 的评价,假设这一个评价被看成节点的属性,如财富,那么这里财富的分布实际上是评价值的分布;而假设这一个评价被看成节点与节点集之间的关系,那么可以构造出复杂网络,复杂网络的度分布实际上是评价值的分布。总体来说,财富的分布和度的分布在理论上是统一的。

对于隐树模型,我们考虑简单的完全二叉树的形式,并且假设节点带有角色类型,即叶子节点可以发起链接请求,而非叶子节点只能接受链接请求;选择两个叶子节点,在这两个叶子节点间建立链接的同时,也需要链接到在隐树的通路中的非叶子节点。在这个简化的情形下,显然,根节点被选中的概率是 1/2,因为选中的两个叶子节点 (假设 A 和 B 的位置为根节点左边的子树和右边的子树) 共有 4 种可能,A 左 B 左,A 左 B 右,A 右 B 左,A 右 B 右,而在 A 左 B 右、A 右 B 左两种情形下都要链接到根节点。同理,对于第二层的节点,其被选中的概率为 1/4,依此类推,第 m 层上的节点被选中的概率为 2^{-m}。对于完全二叉树,在第 m 层上,其节点数目为 2^m 个。假设每个叶子节点都有 1 次机会作为源节点,且网络共有 M 层,则根节点的度数的期望为 2^{M-1},第 m 层上的节点的度的期望为 2^{M-m-1}。在这个情形下,每层的节点的度数的总和的期望总是相等,均为 2^{M-1},且每层上每一个节点的度的期望相等。

由于节点的 m 值,即所在的层数为指数分布,即有

$$p(m) \sim \frac{2^m}{\dfrac{2^{M+1}-1}{2-1}} \approx 2^{-M+m-1} \tag{4.1}$$

注意到节点的度 k 与层数关联,即有

$$k = 2^{M-m} \tag{4.2}$$

显然,这可以归结为指数组合的方法。计算得到

$$p(k) \sim p(m)\frac{\mathrm{d}m}{\mathrm{d}k} = 2^{-M+m-1} \times \frac{1}{(2^{M-m})'} = -\frac{1}{2}k^{-2} \tag{4.3}$$

同理,在 n 叉树的情形下,有

$$p(m) \sim n^{-M+m-1} \tag{4.4}$$

$$k = (\frac{n-1}{n})^{M-m} \tag{4.5}$$

按照指数组合的方法,有 $\gamma = 1 + \dfrac{\ln(n)}{\ln(n)-\ln(n-1)}$。当 $n=2$ 时,$\gamma = 2$。

上面的方法针对最简单的情形给出了幂指数的结果,较复杂的模型也可以套用该方法,这里不再赘述。

4.5　本 章 小 节

1. 结论

(1) 本章研究了 Web 页面的入度的幂律分布起源的一个可能解释。隐树模型基于确定性的事实，即网站按照树形结构来组织其内容，改进 Erdős 和 Rényi 模型，得到了具有度幂律分布的复杂网络。网络的度分布在不同的参数下具有鲁棒性。且该网络具有小世界和超小世界效应，具备层次结构，从表象上也具有偏好连接现象，并克服了偏好连接机制的一些弱点，可以用于解释现实世界中网站崛起等现象。

(2) 本章研究了一个隐树模型的变体，即节点具有类型的隐树模型。在这个模型中，仍然能鲁棒地生存具有度幂律分布的复杂网络。

(3) 本章从理论上基于指数组合方法对隐树模型进行了研究。

2. 讨论

(1) 我们知道在生物的食物网络中，也存在着树形结构，其中一个是谱系结构，还有一个是按照植物、食草动物、杂食动物、食肉动物分类的层次结构。这些结构是在什么规则下形成的呢？1972 年，May 提出了大的复杂系统的微分方程模型的不稳定性和实际系统的稳定性之间的矛盾，这里的结果是否与系统的稳定性有关呢？

(2) 隐树结构是否可以作为心理学上"服从"的起源的解释呢？如果社会需要按照隐树结构组织，也就是说，级联控制是社会演化的必需，显然"服从"可能在漫长的人类演化的岁月中刻入基因中。

(3) 偏好连接是社会中一个普遍的现象。$t > 0$ 时的分配函数可以被看成正向的偏好，即越重要的节点得到的越多。$t < 0$ 时的分配函数是负向的偏好，在社会中也存在。从现有的结果来看，偏好对财富的分配带来了影响，按照社会选择理论，这一函数也必定会影响到所生成的复杂网络的度分布，这一点容易验证。此外，分配函数的累加效应并没有在本章中得到研究。

(4) 局域性也是现实世界中的一个重要特点。社区的形成从常识上与局域性存在联系。

3. 未来的工作

(1) 复杂系统的稳定性 [92] 是一个非常重要的问题，已经困扰科学界三十多年。关于幂律分布的新的观点有助于为这一问题找到新的路径。这一个问题将是一个有趣的问题。

(2) 在演化博弈论领域，研究者探讨了复杂网络上的博弈行为。按照社会选择理论，实际上这样的博弈是一种集合博弈，这是一个非常有趣的观点，在这一观点下，有可能可以用代数的方法研究这样的博弈问题。按照隐树模型，实际上这样的博弈是节点类型间的博弈问题。这也是一个具有前景的研究方向。

(3) 模型的变体的研究。对于该模型的变体的研究可能会得到比较有意义的结果。例如，局域性加入该模型中能产生什么效应；增长机制加入该模型中能产生什么现象等。

(4) 隐树模型所生成网络的度分布从实际数据上看，和现实世界中的无标度分布具有一些差异。这表明该模型和现实网络相比，还有不足的地方。在模型中，每个节点的子节点数量是相同的，在现实网络中不会存在。我们猜测，在某些方面的优化可能导致了子节点数量不同，但仍然保持树形结构的结果。因此，我们将从优化的角度对复杂网络的建模进行研究。

第 5 章   财富分布建模

马太效应, 不仅是一种重要的经济现象, 在计算机科学、生物学、物理学等学科上也非常重要, 因为它常被用于对一些非常重要的无标度现象做机制性解释。一个对马太效应的基础性解释将使得我们能更深入理解这类普遍的现象。马太效应是文明社会的一个重要特征, 而层次结构或者说隐树结构是另一个。但马太效应和层次结构之间的关系是不清楚的。通过提出的隐树模型以及作用在隐树结构上的交易函数, 可知财富分布的无标度现象能由该模型得到。这一结果显示: 财富分布可能与社会结构和社会中个体的活跃度有关, 这也暗示, 马太效应寄生于社会组织, 从而导致任何清除不平等财富分布的行动都将是徒劳。

5.1   马太效应的由来

两千多年以前, 人们就已经发现了"马太效应"现象 [88], 这一现象常常这样表达: 穷者愈穷, 富者愈富。这一效应意味着一个正反馈, 这种正反馈必然导致财富聚集。实验数据显示财富分配很可能服从幂律分布 [35]。数学上, 幂律分布能够通过马太效应来构建, 因此这一效应也被看成幂律分布的一种机制。在生物学上, 马太效应有另一个名字, 即累积优势, 这一概念由 Merton[88] 提出; 在物理学上, 它又被称为偏好连接, 这一概念由 Barabási 提出 [1]。

然而, 马太效应更像是一种现象, 而并不是事实。因此, 一些人已经提出了关于这一效应的解释。例如, 在财富分配领域, 这可以归因于投资的存在; 在 Web 的链接领域, 可以归结为人类的行为。但这些解释并不是不可置疑的。也就是说, 我们需要新的事实来解释马太效应, 也正是因为这些事实, 有些现象才符合幂律分布。

5.2   目前的马太效应的解释

似乎, 当我们注意财富分配现象时, 这一现象不难理解: 因为富人能够投资于创建财富的新来源, 因此富人越富, 他就赚得越多。这一过程将不停重复, 富人将变得越来越富, 没有什么力量可以阻止这一过程。这将是一个长期的过程。

但是, 现实世界并不这么运转。Rockefeller 是史上第一个亿万富翁, 但是他的后人不得不嫉妒他们祖先的荣光, 即使他们也很聪明, 而且美国的经济持续发展,他们的后代并未赚取更多的财富。不仅 Rockefeller 家族，另外的那个时代的最富裕的家族也遇到了同样的问题。至少，很有可能马太效应针对富有的家族变的更加富有并不成立。

另外，假设我们在银行里存上一小笔钱，然后让它沉睡几百年，理论上，我们的子孙将通过复利的效应而得到一大笔钱。然而，不幸的是，历史上真实的投资收益利率显示，税收和通货膨胀很可能让我们得到的是比当初存进去少得多的财富。这一结果暗示马太效应对普通人不起作用，对长期投资也没有作用。

从上面的案例来看，似乎马太效应从投资的观点看就只是一个理论上的过程。考虑到美国当前最富裕的大多数人并不是通过资本市场来积累自己的财富，这一观点有可能难以自圆其说。

马太效应还有另外一个来源。公司的管理人员的工资和红利要远远多于薪酬较低的雇员，不过公司的所有者的利润比这所有的薪水和红利还多。如果将整个社会看成一个公司的集合，那么财富的分布可能依赖于公司的等级结构。也就是说，财富的不平等可能来源于公司的结构。

假如财富的不平等真的来源于公司的结构，那么这就意味着不能够消除掉这种不平等，除非消灭结构。但是，没有结构就没有公司，也就是说，没有财富，社会就将回到史前时代的状态，这样经济产出将下降到可以忽略的程度。

在此，我们建立了一个隐树模型，证明在这个模型上，交易活动能够生成幂律分布。这就意味着，我们不能排除幂律分布来源于层级结构的可能性。相比于建构在投资基础上的马太效应解释，相信层次结构可能更有说服力，这一模型也产生了类似马太效应的现象。

5.3　马太效应的新机制和建模

当我们考虑财富的起源时候能够发现，财富明显和社会的结构相关。例如，远古时代的部落的酋长极有可能是该部落最富有的人，而最大奴隶主国王也极有可能是奴隶社会中最富有的人，如此等等。早期人类社会的经验告诉我们，财富可能与社会中的层级地位密切正相关。而在现代社会，最富的人实际上是他们领域的国王。

为什么财富和社会地位密切相关了？我们能使用一个简单的例子来说明。假如一个人发现他能从供应者那里买一些苹果并将他们卖给客户来赚钱，他就能不断重复这个过程。如果市场足够大，他就能雇佣另外的人来帮助他。显然，利润将在雇员和雇主间进行分配。如果生意越大，那他就可能雇佣更多的人，直到最后他能够雇佣管理人员来帮助他。这样，一个树形结构就形成了。在这个过程中，财富强烈地关联到社会地位，而不是严格关联到初始的财富分布，这其中的原因在于级联控制。在这个案例中，穷人并没有一个穷的定数，而富人也并没有一个更富的宿命。我们在现实世界中能够发现很多相似的例子。

这种级联控制的机制使得财富在表象上具有马太效应，因为相对于雇员而言，在扩张的过程中，雇主的生意逐步增大，也越来越富裕。

这种机制的效应虽然能粗略地符合马太效应，但是，这一机制是否能解释财富的分配呢？如果要解释财富分配，其必要的条件是基于这种机制，社会的财富分布要服从幂律分布。

财富的分布是一个全局性的问题，在上面的例子中生意的扩张只是一个小的局部过程，因此要了解财富的分布问题，需要从全社会的角度去考虑。

如果我们假设在一个封闭系统内，每个人都被组织进了一个树形结构中，在社会中，每个人都依赖于其他人的服务得以生存也就是说，每个人都需要与其他人交易。但是，在交易的过程中，交易双方需要选择最短的路径以保证交易成本最小。由于级联控制，这一最短路径实际上是树形结构中两个节点之间的通路。因此，我们建立了如下模型。

假设社会中有 N 个个体，令 I 表示个体的集合，即 $I = I_1, I_2, \cdots, I_N$。令 F 表示个体的财富值，个体 i 的财富值为 F_i，即 $F = F_1, F_2, \cdots, F_N$。所有个体组成一个树形结构，假设每个个体平均有 k 个个体作为子节点。这里所使用的树的生成算法和前述的解释 Web 链接分布的隐树结构模型中的算法一致。

我们用个体之间的随机配对来模拟交易的随机发生，每一笔交易，存在一个交易最短路径。对于这个最短路径，可用基于隐树的财富分布的算法来求解，其伪代码如下所示。

```
0.Initialize F and the hidden tree;
1.for i = 1: N
2.    act = A;
3.    while act > 0
4.        rnd= random(0,1);
5.        if rnd < act
6.            nodenum = SelectANodeRandomly();
7.            path = GetPath(i, nodenum);
8.            tmpF=g(Rank(path)); sum = Summary(tmpF);
9.            F(path)=F(path) + tmpF(path)/sum;
a.        end if
b.        act = act − 1;
c.    end while
```

d.end for

　　对于每一笔交易，设定价值为 1，该价值在所有参与该交易的个体间按照分配函数进行分配。分配函数与参与个体的等级值相关。假设参与个体的编号为 $l_1, l_2, \cdots, l_p$，分配函数为 $g\,(\text{ranknum})$，那么个体 l_i 所获得的财富满足

$$F(l_i) = \frac{g(\text{rank}(l_i))}{\displaystyle\sum_{j=1,2,\cdots,p} g(\text{rank}(l_j))} \tag{5.1}$$

　　这里，rank(NodeNum) 函数为取得节点的等级值的一个函数。

　　进一步假设每个个体与其他个体进行 A 次交易，那么每个个体的财富值可以通过此算法得到。在该算法中，A 表示每个个体发起交易的次数，SelectANodeRandomly() 表示随机选择目标节点的函数，GetPath(source, destination) 表示从隐树结构中找到源节点和目标节点间最短路径中所有节点的函数。

5.4　财富分布的实验结果和分析

　　在这个模型中，有 4 个因素对财富的分布规律有影响。首先，个体所组成的种群 N；其次，每个节点具有的平均子节点数目 K；再次，每个个体发起交易的次数 A；最后，分配函数 $g()$。

　　在本实验中，我们主要是验证在树形结构的情形下，个体之间的财富分配是否满足幂律分布。

　　首先，要讨论社会大小对财富分布的影响。这里，设置种群的大小分别为 $N = 1\,000$、$2\,000$、$5\,000$、$10\,000$、$20\,000$，另外的参数则设置为 $K = 1.5$, $A = 0.8$, $g\,(\text{ranknum}) = 1$，得到如图 5.1 所示的分布。

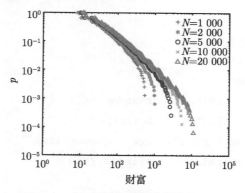

图 5.1　当 N 变化时的财富累积分布

从图 5.1 中可以看出，种群的变化不影响财富的幂律分布形成。

其次，要讨论子节点的数目对财富分布的影响。这里分别设置 $K = 1.5$、2、2.5、3.5、4，另外的参数设置为 $N = 10\,000$，$A = 0.4$，$g\,(\text{ranknum}) = 1$。当 K 不是整数时，意味着每个节点平均的子节点数，得到如图 5.2 所示的分布。

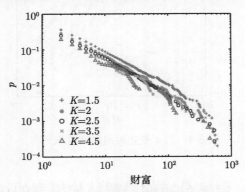

图 5.2　当 K 变化时的财富累积分布

再次，我们要讨论交易次数对财富分布的影响。这里分别设置 $A = 0.08$、0.16、0.32、0.64、1.28，另外的参数设置为 $N = 10\,000$，$K = 1.5$，$g\,(\text{ranknum}) = 1$，得到如图 5.3 所示的分布。

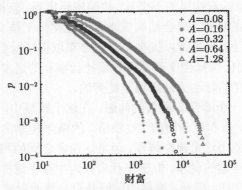

图 5.3　当 A 变化时的财富累积分布

最后，要讨论分配函数对财富分布的影响。为了简化，这里使用了简单的多项式公式来研究该问题。这里，假设 $g\,(\text{ranknum}) = \text{ranknum}^t$。分别设置 $t = -2$、-1、0、1、2，另外的参数设置为 $N = 10\,000$，$K = 2$，$A = 0.4$，获得如图 5.4 所示的分布。

从以上实验可以看到，不管参数如何设置，个体之间的财富分布都满足幂律分布。这说明，当个体被组织成树形结构以后，个体之间的财富分布满足幂律分布且具有很好的鲁棒性。

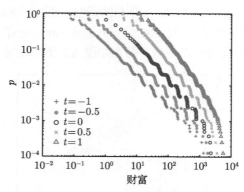

图 5.4　当 t 变化时的财富累积分布

5.5　财富分布的隐树结构模型的讨论

　　财富分布是一个非常复杂的问题。本章所提出的模型只是从一个侧面讨论了财富分布的可能机制。如果本模型为真，可以推导出一些非常有趣的结论。

　　是否能够得到"结果公平"的社会是一个非常具有争议的问题。从本模型可以看到，社会结构一定意味着结果的不平等，按照逆反定理，获得"结果公平"的社会必定意味着社会结构的摧毁。社会结构或者说专业化分工是文明得以存在的基础，在专业化分工的基础上，人类得以提高劳动生产率以促进社会福利。也就是说，以"结果公平"为基础的任何社会变革都将导致社会福利的退步，如果人类必须以人类的福祉为依归，这样的行动无疑都将是徒劳的。

　　财富的本源也是一个非常有意义的问题。在这个模型中，隐含了"财富的本源是通路"的思想，这一点和巴菲特的"收费桥"的概念是非常相似的，我们尚不清楚巴菲特的财富是否能用这个模型解释，但是这两者之间的相似性的确令人好奇。

　　偏好是一个非常有趣的现象。似乎在社会行为中存在这样的现象，人们关注成功人士，并愿意与之交往。但是，这样的偏好是否会影响财富分布等现象呢？注意到所提到的全局信息假设，人类社会并不是对正在增长中的人士给予很高的期望，而是对增长已经完成的人士给予巨大的期望。在隐树结构模型中，分配函数实际上可以看成一个偏好，这个偏好与等级值相关。当 $t=0$ 时，此时处于无偏好状态；当 $t=1$ 时，偏好是线性相关于等级值；当 $t=-1$ 时，偏好与等级值是倒数关系，即等级值越高，分配得越少。根据不同的 t，可以得到不同偏好情形下的财富分配。实际上，这一分配函数可以引入验证度分布的网络生成中，因为在实质上，财富分布和度分布从理论上说是完全等价的，即度分布的幂指数可以任意变化。

5.6　本 章 小 结

1. 结论

(1) 本章研究了马太效应，并提出隐树模型也可以被用于解释财富分配问题。这一模型暗示社会的结构可能是财富不均等的重要来源。在该模型中，还研究了分配函数对财富分布的影响。这一模型的隐喻意义非常有趣，值得进一步探索。此外，本章的结论也表明：财富和历史都来自于劳动分工，两者具有共同的起源。

(2) 本章还简单研究了在结构重叠的情形下，隐树模型所得到的财富分布情形。

2. 讨论

本章的研究提出了一些新的结果，但是这些结果也引出了更多的问题。

(1) 为什么社会必须形成这样的隐树结构？这是本章的结论所引出的最重要的问题。其中最直观的解释是专业化分工。但是专业化分工是一个模糊的词语，对其清晰化并进行建模是一个挑战。

(2) 隐树结构是否可以作为心理学上"服从"的起源的解释呢？如果社会需要按照隐树结构组织，也就是说，级联控制是社会演化的必需，显然"服从"可能在漫长的人类演化的岁月中刻入基因中。

3. 未来的工作

囿于作者自身知识的局限性，对于财富分布部分的工作并没有进行经济学方面的实证数据检测。尽管已经有基于偏好依附的财富分布方面的工作，但该方面的工作都需要接受实际数据的检验。

第四篇

复杂网络的抗攻击性

第 6 章 复杂网络的抗攻击理论

网络无所不在。在我们的世界中，存在着各种各样的复杂网络，如由各个个体的人所组成的社会网络 [25, 33, 93, 94]，由路由器、计算机、电缆、光缆组成的互联网络 [25, 95]，由大量神经细胞以及神经细胞之间的触突连接组成的神经网络 [25] 等。

网络的威胁也无处不在。例如，在军事斗争中，人员和装备都可能遭到敌人的攻击，从而使得人员和装备组成的网络受到损失，有可能导致网络的解体崩溃，战争失败；在互联网上，重要的路由节点可能崩溃、光缆可能断开，从而导致网络的性能急剧下降；在神经网络中，人脑出血甚至可能带来人脑失去功能，造成生命危险；在电力网络中，发电厂的崩溃甚至会带来级联崩溃，导致整个网络瘫痪。

因此，对于各种与人们息息相关的网络，有必要增强网络性能，使得其能够对抗网络节点的失效和人为的攻击，建立鲁棒的社会、生物和技术网络。在另外一些情形下，则需要研究针对具体网络的最优打击策略，如获得药物靶点、瓦解犯罪集团等。

6.1 传统理论及分析

2000 年，Albert 等在自然杂志发表文章 [52]，提出：无标度网络具有鲁棒性与脆弱性并存的特点。具体而言无标度网络在随机攻击 (失效) 下鲁棒，而在选择性攻击下脆弱。其机制为：无标度网络各节点的度满足幂律分布，即少量的节点有大量的边，而大量的节点只有少量的边；假设随机的故障均匀分布在每个节点上，由于大多数节点是不重要的节点，删除这些不重要的节点仅损失很少比例的边，对整体网络的破坏很小；但是，选择性攻击首先攻击的是具有大量连接的集散节点 (Hub 节点)，很少量的集散节点的损失就会造成大多数边的丧失，从而导致网络崩溃。也就是说，无标度网络所具有的专制性 (少量的节点控制了大量的边) 导致了网络在选择性攻击下的脆弱性。

Albert 和 Barabási 进一步推断：Internet 就是典型的无标度网络，因此 Internet 上的 Hub 节点就是 Internet 的阿喀琉斯之踵，是 Internet 的致命罩门；对这些 Hub 节点的攻击很容易导致 Internet 的大崩溃。

S. Wasserman 等的观点引起大量研究员对复杂网络抗攻击性研究的兴趣 [96]，这一观点被应用到社会网络 [32, 33, 93]、蛋白质代谢网络 [97]、科学家合作网络 [25, 74] 等的研究当中，使该结论得到公认。

后来，Holme 等全面总结了复杂网络在各种选择性攻击下的鲁棒性和脆弱性。他们总结认为，对网络的选择性攻击有两种类型，即节点攻击与边攻击，通过重新定义节点的度和介数，得出四种选择性攻击策略：ID，RD，IB，RB，即基于初始图或当前图的面向度的选择性攻击，基于初始图或当前图的面向介数的选择攻击，并指出无标度网络在这四种选择性攻击策略下都是非常脆弱的 [53]。

6.2　代价攻击理论

然而，尽管 Internet 是一个典型的无标度网络，该网络的稳定性令人惊叹。该网络自建立以来，少有整体崩溃的事例报道。可以从三个方面说明该网络强大的鲁棒性。

(1) 该网络的前身是美国国防部的 ARPANet，而 ARPANet 最初的设计目的是在强大的核打击下具有顽强的生存能力。在军事打击中，最优先的目标是要害部门，也就是说，ARPANet 被设计用来抵抗其要害部门网络中心的毁灭性打击。网络采用了包交换策略，因此当网络的中心受到毁灭性攻击后，其他网络节点能够选择没有被毁灭的通路继续进行通信，从而使得整个系统仍然能正常运转。众所周知，核打击正是最典型的选择性节点攻击策略，而作为 ARPANet 的继承者，Internet 具有在关键节点失效后仍然顺畅工作的能力。

(2) 在黑客的选择性攻击下，该网络幸存下来。无时无处不在的黑客攻击，包括对极为重要的节点的选择性攻击没有为黑客取得在世界上炫耀的战绩。

(3) 假设有人从统计的角度将黑客的攻击视为一种随机攻击的话，病毒的传播会提供更强的说服力。对于度值大的节点，由于其邻居众多，其受到传染的概率也将显著增高。从统计的观点看，这正是选择性攻击。

因此，不管从设计目的，还是从黑客和病毒的行为来看，都可以为 Internet 在选择性攻击下的鲁棒性提供支持性证据。

那么，受到普遍欢迎的"鲁棒性与脆弱性并存"为什么不能解释 Internet 呢？我们发现，Albert 等的结论存在一个前提：假设成功地攻击任何一个节点所花费的代价相等。在这样的前提下，控制着无数网络节点的重要节点和普通人的 PC 机一样脆弱，而现实很显然并非如此。大量的人力物力被投入以保证重要的节点免受攻击或者能够抵抗攻击，从而显著增强了重要节点的鲁棒性，带来了整体网络的稳定性。从事实上看也确实是如此，目前互联网最大的威胁不是中心节点的瘫痪，而是数以百万计的终端用户被黑客利用特洛伊木马劫持，从而变成了黑客进一步攻击的工具 ——"肉鸡"，对整个互联网的安全构成了严峻挑战，给用户带来了巨额的经济损失。

令人惊讶的是，所有这些研究中，少有研究涉及这些工作的前提假设：对于任何节点，攻击成功的代价相同。而这样的前提假设很可能不符合现实世界中的情况。本节以两个例子来说明这一点。

(1) 以 Internet 为例。在 Internet 中，不同主机或者服务器的重要性不一样。一般公共服务器的重要性更大，如大型网站的服务器，这类服务器连接着成千上万个其他的主机或者是服务器，也就是说这类服务器的度非常大。该类服务器上所采取的保护措施非常严密，包括防火墙、杀毒软件等。而一般用户的主机因其重要性不太大，与它联系的主机或服务器较少，此类主机上由于技术力量和投资的原因，只装有简单的防火墙和杀毒软件，甚至有的什么都不安装，所受保护很小。因此，从一般的角度来看，针对度大的节点的攻击难度相对要比针对度小的节点的攻击难度要大。

(2) 军事网络是很重要的网络。基于军事组织的层次性，我们通过隐树模型可以生成无标度网络，因而，在这里我们将军事网络作为无标度网络来进行讨论。在这样的网络中，指挥官的重要性不言而喻，所以指挥部受到层层保护；并且越高级的指挥部所受到的保护越严密，而一个士兵的重要性比高级军官的重要性要低得多，因此士兵受到的保护非常小，基本只能靠士兵自己保护自己。在这样的情况下，消灭一个指挥官的难度要比消灭一个普通士兵的难度要大得多。对于军事网络，如果对所有的人的攻击付出一样的代价，那么"擒贼先擒王"就是最优策略，在这样的策略下，军事网络极度脆弱，但是现实中"擒贼先擒王"极其困难。正是由于攻击代价的不一致，军事组织才能够承受各种方式的攻击，包括选择性攻击。进一步地，反过来说，如果军事组织在选择性攻击下脆弱，那么从演化的角度看，系统会演化出更为健壮的组织形式；军事学也将不会如此多姿多彩，不会存在各种各样的军事斗争策略，因为仅需要"选择性攻击"这样一个策略就足够了，换句话说，军事组织根本就不能存在，它的存在只不过是增加了组织的脆弱性而已。

要解决理论与现实现象之间的矛盾，必须修正理论的前提。在无标度网络的抗攻击性研究中，必须考虑攻击代价。

6.3　相关定义

Albert 等的"无标度网络鲁棒性和脆弱性并存"的观点成立的前提是：对所有节点，攻击成功的代价是一样的。在攻击代价存在的条件下，这一观点需要进行修正。为了论述方便，先对本节讨论所必需的概念做出定义。

6.3.1　攻击的定义

网络可定义为节点以及连接节点的边的集合，记为 $G = (V, E)$，即网络是由节点以及边组成，所以选择性攻击可以是针对节点的选择性攻击，也可以是针对边的选择性攻击。在本部分中，仅考虑针对节点的攻击。

对于节点攻击，可使用节点遭受攻击前后网络的差异来定义。

定义 6.1 (节点攻击)　节点攻击 (记为 Attack) 定义为对攻击前网络进行攻击所删除节点的集合，记攻击前的网络的节点集为 V_1，攻击之后的网络为 V_2，则有

$$\text{Attack} = Z = V_1 - V_2, \quad Z \subset V \tag{6.1}$$

6.3.2　攻击代价的定义

如何定义攻击代价是代价攻击理论中最关键的问题。考虑到"度"是节点的属性中最本质的度量，基于度的函数来定义攻击代价。

定义 6.2 (节点攻击代价)　设网络 $G = (V, E)$，$v \in V$，在遭受一次攻击之后，即移走节点集 Z 及其连接的边之后为 $G' = (V', \{\text{Edge}'\})$，即 $G' = g(G, Z)$，则该次攻击的代价为

$$\text{Cost}(Z) = \sum_{v \in Z} f(\text{Degree}(v)) \tag{6.2}$$

这里，$f(x)$ 的定义有多种，如 $f(x) = x^2$，此时节点的攻击代价就为度的平方和，那么度大的节点其攻击代价更大，在这种情形下，攻击度小的节点，从而逐步删除网络是一个效率较高的方法；或者有 $f(x) = \dfrac{1}{x}$，此时节点的攻击代价为度的倒数，那么度大的节点其攻击代价反而小，攻击度大的节点会得到较高的效率；最公平的形式是 $f(x) = x$，该等式中代价与节点度是对等关系，这个函数也比较简单。建议以 $f(x) = x$ 来定义节点攻击代价，即

$$\text{Cost}(Z) = \sum_{v \in Z} \text{Degree}(v) \tag{6.3}$$

当 $f(x) = x^0 = 1$ 时，对于任意节点攻击代价相等，因此 Barabási 等的结论实际上是代价函数的一个特例。

对于任何一个网络，必存在攻击代价的上限，而本节仅考虑节点攻击，因此把攻击代价的上限称为节点攻击总代价。

定义 6.3 (节点攻击总代价)　在初始网络 $G = (V, E)$ 中，若移除的节点集 $Z = V$，那么所花费的代价即为总攻击代价，此时 $Z = V$，即

$$\text{Cost}(V) = \sum_{v \in V} \text{Cost}(v) \tag{6.4}$$

对于节点攻击的代价，考虑将代价进行归一化以便于不同网络之间的比较。用 C 表示归一化后的代价，即有

$$C(Z) = \frac{\text{Cost}(Z)}{\text{Cost}(V)} \tag{6.5}$$

6.3.3 攻击策略的定义

1. 节点的重要性

对于选择性攻击，通常是按照节点的重要性依次进行攻击，因此，攻击策略与节点的重要性密切相关。

在社会网络中，节点的重要性和中心性联系在一起。Freeman 提出以节点度、介数及接近度来度量节点的中心性。度是节点的属性中最本质的度量，用来度量网络中通信的活跃度；节点的介数与网络中任两个节点的最短路径关联，用于展示对节点间通信进行控制的潜力；接近度则是一个节点和所有节点的接近程度，用来度量该节点免于被控制的能力。

在 Web 搜索引擎领域，将节点的重要性和节点邻居的重要性关联在一起，如 PageRank[22, 60] 和 HITS[24, 76]。此外，一些论文也提出了关于重点性定义的新思想，如将删除节点导致的系统失败程度作为重要性等。

本书在节点的重要性上只考虑节点的中心性问题，采用 Freeman 提出的三种节点重要性度量指标：节点的度、介数和接近度，当然，本书认为节点重要性的度量指标不仅仅只包括以上三种。

度、介数、接近度的定义在本书的前几章都给出过，为了读者阅读方便，这里再次列出。

定义 6.4 (节点的介数)　在网络 $G = (V, E)$ 中，a 和 b 是网络中的任意两个节点，即 $a \neq b \in V$，则节点 v 的介数为 Betweenness(v)，即

$$\text{Betweenness}(v) = \sum_{w \neq w' \in V} \frac{B(a, v, b)}{B(a, b)}$$

其中，$B(a, b)$ 表示节点 a 到节点 b 的最短路径数目；$B(a, v, b)$ 表示节点 a 到节点 b 经过节点 v 的最短路径数目。

定义 6.5 (节点的接近度)　在网络 $G = (V, E)$ 中，v 是网络中的一个节点，即 $v \in V$，记节点 v 的度为 Closeness(v)，即

$$\text{Closeness}(v) = \frac{1}{\sum_{v \neq v' \in V} dvv'} \tag{6.6}$$

其中，dvv' 是节点 v 和节点 v' 的最短距离。

2. 攻击策略

攻击策略是指攻击网络所遵循的规则。

由 6.3.1 小节可知，攻击分为针对节点和针对边的攻击，本章只涉及针对节点的攻击。

针对节点的选择性攻击策略必定与节点重要性有关。选择性攻击策略可以是采取针对任何一种节点重要性度量指标的选择攻击。

除此之外，攻击还可以遵循多种规则，如下所示。

(1) 从攻击的基本信息上说，包括基于网络节点初始信息的攻击策略和基于网络节点当前信息的攻击策略等。

(2) 从攻击顺序上来说，包括按顺序首先攻击重要节点的策略和按顺序首先攻击非重要节点的策略等。

除了以上两类，攻击策略还有很多种，这里就不一一举例了。

本章的实验采取了 ID、IB 以及 IC 三种选择性攻击策略，这三种攻击策略介绍如下所示。

ID 攻击策略：指基于初始图的面向度的选择性攻击，该攻击策略根据初始的图，将节点按照度的大小从大到小排列，按照这个排列的顺序将节点一个个移除。

IB 攻击策略：指基于初始图的面向介数的选择性攻击，该攻击策略根据初始的图，将节点按照介数的大小从大到小排列，按照这个排列的顺序将节点一个个移除。

IC 攻击策略：指基于初始图的面向中心度的选择性攻击，该攻击策略根据初始的图，将节点按照接近度的大小从大到小排列，按照这个排列的顺序将节点一个个移除。

6.3.4　攻击效果的定义

攻击效果可用网络遭受攻击前后其性能变化来度量。而网络性能的度量有很多种，如平均测量长度 (average geodesic length)，反平均测量长度 (inverse average geodesic length)，以及最大连通子图规模等。

本书以攻击后网络性能的变化来衡量攻击效果，而攻击后网络的性能由最大连通子图来度量。

攻击后网络的性能：在初始网络 $G = (V, E)$ 中，其遭受攻击后的性能由当时网络的最大连通子图 $S(Z)$ 表示，为了方便比较网络性能的变化，考虑将其进行归一化，归一化的网络性能用 $E(Z)$ 表示，即

$$E(Z) = \frac{|S(Z)|}{|V|} \tag{6.7}$$

其中，$|S(Z)|$ 是网络遭受攻击后的最大连通子图包含的节点数；$|V|$ 是初始网络包含的节点总数。

6.4　代价条件下无标度网络的抗攻击性分析

直观地分析可知, 在不考虑代价的情形下, 全连通网络具备最好抗攻击性。对于全连通网络, 任何针对节点的攻击只能删除掉其中一个节点, 只有当全部的节点被删除, 网络才可以被认为是完全崩溃。而在有代价的情况下, 情形有可能不同。对于无标度网络, 不考虑代价的情形下, 相比于全连通网络, 此类网络有可能极度脆弱, 但是在基于代价的条件下, 会出现什么样的情形呢? 进一步, 什么样的无标度网络能够抵抗基于不同代价的各种攻击策略? 研究者对此知之甚少。

本节对上述问题进行了研究。在研究中发现紧致性无标度网络, 该网络在各种攻击策略下具有良好的抵抗力。下面给出紧致性无标度网络的定义, 以及基于该网络下的理论性讨论, 并以实验结果证实该理论性讨论结果。

6.4.1　紧致性网络的定义

由前面可知, 网络遭受的攻击策略有很多种, 那么网络的抗攻击性就不能局限于一种策略, 而应该是在多种攻击策略下都具有良好的抵抗力。

那么, 什么样的无标度网络在基于不同代价的各种攻击策略下都是鲁棒的? 若以节点的度为代价, 且已知是针对节点攻击, 而在不明攻击策略的情况下, 如果网络中有些节点的度大, 介数却很少, 同时有些节点介数大, 度却很小, 那么攻击者采取面对介数的攻击时, 就很有可能以很小的代价就能达到使网络快速崩溃的目的。同样的情形也可以外推在其他节点重要性度量上。

因此, 在不知道攻击策略的情形下, 为使无标度网络具有良好的抗攻击性, 最简单的方法就是把所有的节点重要性度量指标归约为其中一种重要性度量指标, 此时所有基于其他重要性度量指标的攻击策略都不能取得额外的效率, 即不会出现以较小的代价而达到使网络快速崩溃的目的。因此, 本节提出紧致性无标度网络, 此类网络中, 节点的所有重要性度量指标关系非常密切。若以节点的度作为攻击代价, 那么当节点的其他重要性度量大时, 节点的度也大, 当节点的其他重要性度量小时, 节点的度也小, 这样, 其他节点重要性度量就可以归约为仅以度来衡量。

为度量网络的紧致程度, 本节提出紧致系数的概念。而本节以节点的度作为攻击代价, 所以提出的紧致系数表现为网络中节点的度与其他重要性度量指标的相关程度。

皮尔逊相关系数公式是一种广为人知的计算公式, 该公式通常用来测量两个定距变量 (年龄和身高) 的关系强度, 本节使用该公式来计算节点各个重要性度量

指标的紧致系数，即

$$\sigma = \frac{\displaystyle\sum XY - \frac{\displaystyle\sum X \sum Y}{N}}{\sqrt{\left(\displaystyle\sum X^2 - \frac{\left(\sum X\right)^2}{N}\right)\left(\displaystyle\sum Y^2 - \frac{\left(\sum Y\right)^2}{N}\right)}} \tag{6.8}$$

其中，X 是网络节点的度序列；Y 是节点其他重要性度量序列中的一种；N 是网络节点总数；σ 是节点的度与其他某一种节点重要性度量指标的紧致系数。且 $\sigma \in [-1,1]$，若 $\sigma > 0$，表明两个变量是正相关，即一个变量的值越大，另一个变量的值也会越大；若 $\sigma < 0$，表明两个变量是负相关，即一个变量的值越大另一个变量的值反而会越小。σ 的绝对值越大表明相关性越强，若 $\sigma = 0$，则表明两个变量间不是线性相关。

综上所述，当节点其他重要性度量指标与度的紧致系数都大时，该网络就是一个紧致性网络，而且紧致系数越大，网络就越紧致。若存在某个重要性度量指标与度的紧致系数较小时，该网络就是非紧致网络。此时，整体网络的紧致系数就可以定义为各紧致系数的乘积。

6.4.2 理论性讨论

6.4.1 节提出了紧致性无标度网络的概念，并且本小节以节点的度作为攻击代价，本小节考虑两种情况。

1. 紧致性对鲁棒性的影响

若 $G = (V, E)$ 是一个紧致性无标度网络，则重要节点就是度大的节点，因为度大的节点其他重要性度量指标也大。此时，面向其他节点重要性度量指标的选择性攻击就可归约为面向度的攻击，其攻击代价就因攻击度大节点而上升得很快。在有攻击代价存在的条件下，紧致无标度网络在面对选择性攻击时不会使得有些策略具有额外的效率因而表现出鲁棒性。紧致性越强，额外的效率越低，因此也就越鲁棒。

2. 平均度对鲁棒性的影响

定义 6.6（平均度） 在网络 $G = (V, E)$ 中，记网络 G 的平均度为 AvgDegree(V)，即

$$\text{AvgDegree}(V) = \frac{\displaystyle\sum_{v \in V} \text{Degree}(v)}{|V|}$$

其中, $|V|$ 是网络 G 的节点数。

网络的平均度越大, 平均每个节点所连接的边就越多, 在此情况下, 若将任意节点删除后, 其他节点越有可能仍然连接在一起, 所以在选择性攻击下, 平均度大的网络崩溃得比平均度小的网络慢, 因此就更鲁棒。

由以上基于两个因素的推理, 可总结出: 在攻击代价不同的情形下, 无标度网络在选择性节点攻击下可能是鲁棒的; 进一步, 越紧致且平均度越大的无标度网络在选择性节点攻击下越鲁棒, 而在同一平均度条件下, 结构越紧致的网络越鲁棒。

为证实以上观点, 本书将在随后的章节使用 5 个网络进行仿真实验。

6.5　仿真实验

为研究各种节点度与其他节点重要性度量紧致系数不同以及平均度不同的无标度网络在代价条件下的鲁棒性和脆弱性, 本节选择了 5 个实验网络, 这些网络的节点度与其他度量指标的相关系数以及平均度都各有不同, 其中包括利用 CSF 算法 [53] (Clustered Scale-Free) 生成的 CSF 网络 (CSF 紧致无标度网络) 和 CSFM 网络 (CSFM 社区无标度网络)、Protein 网络 (蛋白质交互作用网络)、Polbook 网络 (国家图书网络) 和 Netscience 网络 (科学家合作网络), 其中前两个由计算机根据网络算法生成, 后三个是现实网络。

在生成 CSF 网络时, 使用了 CSF 算法, 该算法描述如下所示。

1. 初始结构: 刚开始有 m_0 个节点, 0 条边;
2. 扩展: 每次增加一个节点 v 和 m 条边;
3. 偏好连接: 新节点依据赌轮算法与已有节点建立连接, 连接概率记为 Pu;
4. 构成三元组: 如果之前已经根据偏好连接步骤使节点 v 和节点 u 相连, 那么就让节点 v 以 Pt 的概率与节点 u 的任一邻居节点 w 相连。如果节点 u 没有邻居节点, 则继续做偏好连接步骤。

6.5.1　CSF 网络

按照 CSF 算法生成了一个实验网络。该网络有 1 000 个节点, 5 545 条边, 其平均度 AvgDegree$(G) = 11.09$。生成时的初始节点为 $m_0 = 5$, 每增加一个节点就增加 $m = 3$ 条边, 每增加一个节点与已有节点相连的偏好连接概率为 $Pu = 0.01$, 构成三元组的概率为 $Pt = 0.9$。该网络的拓扑结构如图 6.1(a) 所示。从拓扑图可以看出, 整个网络只有一个社区。其度的分布图如图 6.1(b) 所示, CSF 网络的度分布在双对数坐标下可近似为直线, 服从幂律分布, 因此该网络是无标度网络。

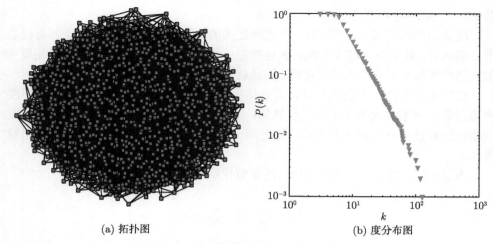

(a) 拓扑图   (b) 度分布图

图 6.1   CSF 网络的拓扑结构和度分布

6.5.2   Polbook 网络

该网络数据是由 Krebs 收集的，从 Mark Newman's website 获得的政治书籍在 Amazon 出售情况的网络，包含 105 个节点，441 条边，其平均度 $\mathrm{AvgDegree}(G) = 8.40$。从图 6.2(b) 中可看出，Polbook 网络的度分布在双对数坐标下可近似为直线，服从幂律分布，因此该网络是一个无标度网络。

Polbook 网络的拓扑结构如图 6.2(a) 所示，Polbook 网络的节点也较少，看起来比较松散，整个网络被分为两个社区。

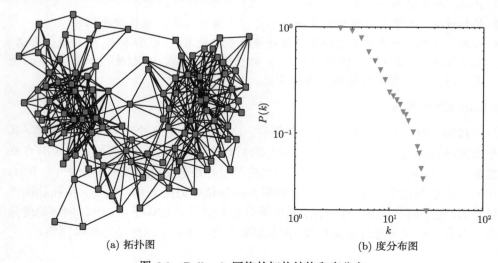

(a) 拓扑图   (b) 度分布图

图 6.2   Polbook 网络的拓扑结构和度分布

6.5.3　CSF 网络

该网络首先由 CSF 算法生成 4 个都具有 250 个节点的网络,这 4 个小网络生成时的初始节点为 $m_0 = 5$,每增加一个节点就增加 $m = 4$ 条边,每增加一个节点与已有节点相连的偏好连接概率为 $Pu = 0.01$,构成三元组的概率为 $Pt = 0.9$。

生成 4 个具有 250 个节点的无标度网络后,再通过在 4 个子网络之间随机加上边来生成一个具有 1 000 个节点的大网络。

该网络生成时具有 1 000 个节点,但其最大连通图只有 992 个节点,本小节的实验只取其最大连通子图,共有 5 948 条边,其平均度 AvgDegree$(G) = 12.0$。该网络的拓扑结构如图 6.3(a) 所示。很明显,整个网络被分为 4 个社区,因此本小节将该网络称为 CSFM 网络。

CSFM 网络度分布如图 6.3(b) 所示,该网络的度分布在双对数坐标下可近似为直线,服从幂律分布,因此该网络是无标度网络。

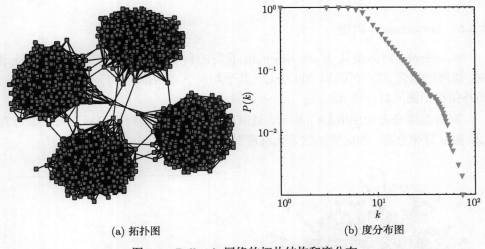

(a) 拓扑图　　　　　　　　　　(b) 度分布图

图 6.3　Polbook 网络的拓扑结构和度分布

6.5.4　Protein 网络

Protein 网络是从 Mark Newman 所给出的 Drotein 网络中提取的最大连通子网,该网络包含 1 458 个节点,1 948 条边,其平均度 AvgDegree$(G) = 2.67$,Protein 网络的拓扑结构如图 6.4(a) 所示,该网络拓扑图只有一个社区。

从图 6.4(b) 中可看出,Protein 网络的度分布在双对数坐标下可近似为直线,服从幂律分布,因此该网络是一个无标度网络。

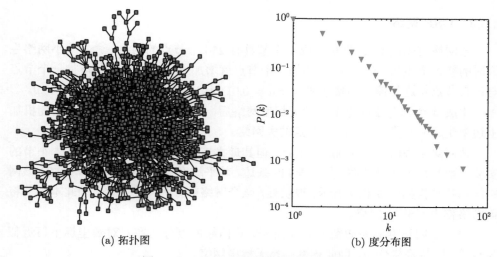

(a) 拓扑图　　　　　　　　　　　　　　(b) 度分布图

图 6.4　Protein 网络的拓扑结构和度分布

6.5.5　Netscience 网络

Netscience 网络是从 Mark Newman 获得的科学家合作网中提取的最大连通图，该网络包含 379 个节点，914 条边，其平均度 AvgDegree$(G) = 4.82$，该网络的拓扑结构如图 6.5(a) 所示。

网络的度分布如图 6.5(b) 所示，该网络的度分布在双对数坐标下可近似为直线，服从幂律分布，因此该网络是无标度网络。

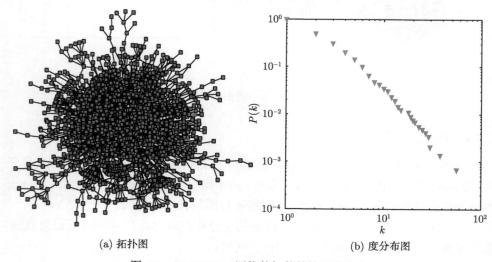

(a) 拓扑图　　　　　　　　　　　　　　(b) 度分布图

图 6.5　Netscience 网络的拓扑结构和度分布

6.5.6　实验网络相关数据表

以下是本小节所用 5 个实验网络相关数据表。

从表 6.1 中可以看出，5 个实验网络的平均度有大有小，为区分平均度大小对无标度网络鲁棒性的影响，本小节把实验网络分为两类：平均度大无标度网络和平均度小无标度网络。其中，平均度大的网络由前 3 个平均度较高的网络，即 CSF 网络、CSFM 网络和 Polbook 网络组成。其中，CSFM 网络的平均度比 CSF 网络要大。平均度小的网络由后两个平均度较小的网络，即 Protein 网络和 Netscience 网络组成。

表 6.1　实验网络相关数据表

网络	平均度	度与介数紧致系数	度与接近度紧致系数
CSF 网络	11.09	0.94	0.58
Polbook 网络	8.40	0.70	0.58
CSFM 网络	12.0	0.45	0.62
Protein 网络	2.67	0.85	0.42
Netscience 网络	4.82	0.69	0.35

从整体上看，CSF 网络平均度以及由可预测在选择性攻击下，该网络是 5 个实验网络中最鲁棒的。

在平均度大无标度网络一类中，CSF 网络的度与介数紧致系数最大的，即 CSF 网络是 5 个实验网络中相对于介质是最紧致的；CSF 社区无标度网络的度与介数紧致系数最小，即该网络最不紧致；而 Polbook 网络的度与介数紧致系数、度与接近度紧致系数处于 CSF 网络和 CSF 社区无标度网络之间 CSF 网络最鲁棒，其次是 Polbook 网络，而 CSFM 网络最脆弱。

在平均度小无标度网络一类中，Protein 网络的度与介数紧致系数、度与接近度紧致系数比 Netscience 网络大，即 Protein 网络比 Netscience 网络更紧致，因此可预测前者在基于介数以及接近度的选择性攻击下更鲁棒些。

6.6　实验分析

6.6.1　紧致程度对抗攻击性的影响

由 6.5 节可知，CSF 网络、Polbook 网络和 CSFM 网络的平均度较大，本小节把这三个网络归为平均度大的一类，以分类研究无标度网络在代价条件下的抗攻击性。下面介绍这三个网络在攻击代价不同情形下的抗攻击性。图 6.6(a) ～图 6.6(c) 分别是 CSF 网络、Polbook 网络和 CSFM 网络的攻击实验图。

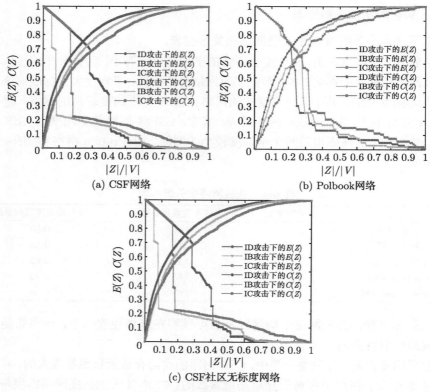

(a) CSF网络　　　　　(b) Polbook网络

(c) CSF社区无标度网络

图 6.6　度大组网络攻击实验图

从图 6.6(a) ～图 6.6(c) 可以看出，CSF 网络在遭受 ID、IB 和 IC 三种选择性攻击时，其归一化的网络性能 $E(Z)$ 下降得很快，但其归一化的攻击代价 $C(Z)$ 上升得也很快；Polbook 网络相对来说慢些，但也比较快；CSFM 网络在 ID 攻击下与 CSF 网络差不多，但在 IB 和 IC 攻击下下降得非常快，其中在 IB 攻击下，该网络的最大连通子图规模仍为 90% 时就呈直线下降。

为充分说明各实验网络在基于不同代价下的抗攻击性，本小节给出各实验网络的攻击性能图。该图表示了网络在 ID、IB 和 IC 攻击下 $E(Z)$ 与 $C(Z)$ 的关系，可以很清楚地表现出各实验网络在各种攻击策略下的抗攻击性。因为在不考虑代价的情形下，最稳定的网络是全连通网络，而在考虑代价的情形下则会出现不同的情况，所以本小节以全连通网络在基于不同代价的选择性攻击下，$E(Z)$ 与 $C(Z)$ 的关系线作为基准线。

图 6.7(a) ～图 6.7(c) 则分别是 CSF 网络、Polbook 网络和 CSF 社区无标度网络的 $E(Z)$ 与 $C(Z)$ 关系图。

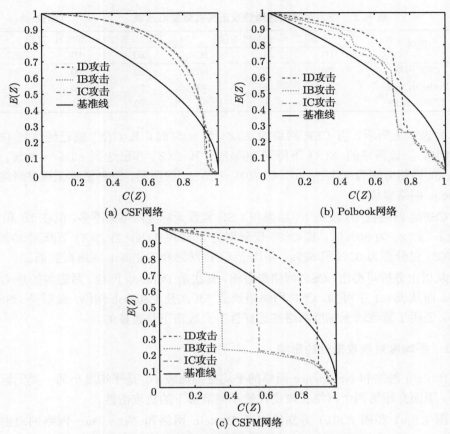

图 6.7　度大组网络攻击实验 $E(Z)$ 与 $C(Z)$ 关系图

　　由图 6.7(a) ～图 6.7(c) 可以看出，紧致系数最大的 CSF 紧致无标度网络在 3 个攻击策略下 $E(Z)$ 与 $C(Z)$ 关系线大部分都在基准线 (实线) 之上，这意味着攻击花费了较大比例的代价，而攻击效果较不明显；Polbook 网络的紧致性较 CSF 紧致无标度网络差，因而其性能线只有一半左右是在基准线之上；而 CSFM 网络只有在 ID 攻击下的 $E(Z)$ 与 $C(Z)$ 关系线 (虚线) 在基准线之上，而在 IB 和 IC 攻击下的 $E(Z)$ 与 $C(Z)$ 关系线 (点线和点横线) 绝大部分都在基准线之下，这是因为该网络度与介数以及度与接近度的紧致系数很小，导致出现了额外效率，使得在基于这两种重要性度量的选择性攻击策略下出现以较小代价而使得网络快速崩溃。

　　以上 3 个攻击实验图以及 3 个 $E(Z)$ 与 $C(Z)$ 的关系图的数据可汇总成如表 6.2 所示。

表 6.2　度大组网络选择性攻击实验数据汇总表　　　　　　(单位：%)

网络	$E(Z)=80\%$时 $C(Z)$			$E(Z)=30\%$时 $C(Z)$		
	ID	IB	IC	ID	IB	IC
CSF 网络	70	70	65	90	90	85
Polbook 网络	60	50	45	75	70	70
CSFM 网络	70	25	53	90	35	55

如表 6.2 所示，当 CSF 网络的 $E(Z)$ 为 80% 时，其 $C(Z)$ 就已经达到 65%
～ 70%，当该网络的 $E(Z)$ 下降到 30% 时，其 $C(Z)$ 都已达到 85%～ 90%；而
Polbook 网络分别为 45%～ 60% 和 70%～ 75%，很明显，CSF 紧致无标度网络比
Polbook 网络鲁棒。

CSFM 网络在 ID 攻击下，结果与 CSF 紧致无标度网络差不多，但在 IB 和 IC
攻击下，$E(Z)$ 为 80% 时，其 $C(Z)$ 仅分别为 25% 和 53%，当 $E(Z)$ 下降到 30% 时
其 $C(Z)$ 仅分别为 35% 和 55%，相比于 CSF 网络和 Polbook 网络很脆弱。

从以上分析可得出，CSF 网络最鲁棒，其次是 Polbook 网络，最脆弱的是 CSF
网络。而从表 6.1 中可知，CSF 网络最紧致，其次是 Polbook 网络，最后是 CSFM
网络，证明了紧致的无标度网络在选择性节点攻击下是鲁棒的。

6.6.2　平均度对抗攻击性的影响

Protein 网络和 Netscience 网络的平均度都比较小，是平均度小的一类无标度
网络。下面介绍这两个网络在攻击代价不同情形下的抗攻击性。

图 6.8(a) 和图 6.8(b) 分别给出了 Protein 网络和 Netscience 网络的攻击实
验图。

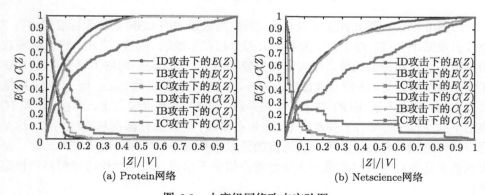

(a) Protein网络　　　　　　　　(b) Netscience网络

图 6.8　小度组网络攻击实验图

从图 6.8(a) 和图 6.8(b) 可以看出，Protein 网络和 Netscience 网络在遭受 ID、IB
和 IC 三种选择性攻击时，其 $E(Z)$ 下降很快，但其 $C(Z)$ 上升并不快。而相对于

Protein 网络来说，Netscience 网络的 $E(Z)$ 下降更快。

图 6.9(a) 和图 6.9(b) 是 Protein 网络和 Netscience 网络的 $E(Z)$ 与 $C(Z)$ 关系图。

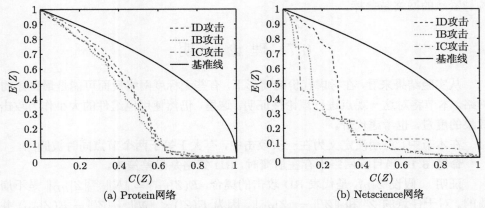

图 6.9　小度组网络 $E(Z)$ 与 $C(Z)$ 关系图

从图 6.9(a) 和图 6.9(b) 可以看出，Protein 网络的紧致系数虽然比较大，但因其平均度较小，影响了其鲁棒性，因而其 $E(Z)$ 与 $C(Z)$ 的关系线都在基准线之下；Netscience 网络的平均度也较小，而因其紧致性较小，所以其 $E(Z)$ 与 $C(Z)$ 的关系线比 Protein 网络下降更快。

以上两个攻击实验图和两个 $E(Z)$ 与 $C(Z)$ 的关系图的数据可汇总成如表 6.3 所示。

表 6.3　度小组网络选择性攻击实验数据汇总表　　　　　　　　（单位：%）

网络	$E(Z)=80\%$ 时 $C(Z)$			$E(Z)=30\%$ 时 $C(Z)$		
	ID	IB	IC	ID	IB	IC
Protein 网络	20	20	28	52	50	50
Netscience 网络	20	10	10	30	20	20

从表 6.3 可以看出，这两个网络在攻击代价不同的情形下，遭受 ID、IB 和 IC 三种选择性攻击时，当 $E(Z)$ 为 80% 时，其 $C(Z)$ 仅为 20% 左右，当 $E(Z)$ 下降到 30% 时，Protein 网络的 $C(Z)$ 为 50% 左右，而 Netscience 网络仅为 20%～30%。相比于前一小节的平均度大无标度网络的抗攻击性实验结果，这两个平均度小的无标度网络更为脆弱，而这两个同为平均度小的无标度网络中，Protein 网络比 Netscience 网络稍为鲁棒些。从表 6.1 可知，Protein 网络比 Netscience 网络更紧致，这与 6.4.2 小节的预测相一致。

综合以上对 5 个实验网络的仿真实验,证实了 6.4.2 小节的推理:在攻击代价不同的情形下,无标度网络在选择性节点攻击下可能是鲁棒的;进一步,越紧致且平均度越大的无标度网络在选择性节点攻击下越鲁棒,而在同一平均度条件下,结构越紧致的网络越鲁棒。

6.7 理 论 证 明

从实验结果来看,在考虑代价的情形下,有些无标度网络反而可能是最鲁棒的网络。本节将对这一观点进行理论性证明。这里,仍然使用巨组件的大小作为攻击效果的度量,也考虑代价。

在本节中,将崩溃定义为在一次攻击中,有大于等于两个节点同时被删除。

命题 6.1 当目标网络不存在崩溃时,RD 策略是最差策略。

证明 假设 $Z|_{RD}$ 是代表 RD 攻击的集合,$E(Z|_{RD}) = \|N\| - \|Z|_{RD}\|$ 是不崩溃的。对于任意的 Z' 和 $\|Z'\| = \|Z|_{RD}\|$,因为 $E(Z') \leqslant \|N\| - \|Z'\| = E(Z|_{RD})$ 并且 $C(Z') \leqslant C(Z|_{RD})$,即 RD 策略付出了更多的代价,但是取得了最差的效果,因此 RD 策略是最差的策略。

由此可知,如果能够构造在 RD 策略下不会崩溃的网络,该网络在 RD 选择性攻击下非常鲁棒。

命题 6.2 除全连通网络以外,任何网络在 RD 攻击策略下都至少有一个崩溃。

证明 考虑全连通网络,显然在 RD 攻击策略下,每次损失一个节点,但不会出现两个节点同时被消除的情形,因此不会崩溃。

假设对于某一个全连通网络,将节点 A 和节点 B 之间的边去掉,构成一个非全连通网络。在 RD 攻击策略下,则 AB 必然为最后两个被清除的节点。当清除到倒数第三个节点时,必然会产生崩溃。

非连通网络可以看成全连通网络消除一些边得到的。因此,在 RD 攻击策略下,也至少有一次崩溃。

全连通网络从不崩溃,但大多数网络并不是全连通网络。在现实世界中,构造全连通网络定然是资源的极大浪费,因此崩溃是必然的。在这个意义上,一个在选择性攻击下鲁棒的网络并不是从不崩溃的网络,而是在崩溃之前高效抵抗、对崩溃有较高忍受度的网络。

一个选择性攻击策略实际上定义了针对一个给定网络的攻击序列。在序列中的每一个元素是一次攻击,也是一个点的集合。

命题 6.3 对于一个给定的网络,对任意的度量,假如基于这个度量的攻击策略所生成的攻击序列和 RD 攻击策略相同,那么在网络存在崩溃以前,该策略是最差策略。

这一命题是显然的。这意味着假如一个网络在选择性攻击下是鲁棒的，那么：① 攻击策略的攻击效果和 RD 的相同；② 网络能够支撑较长的时间，即崩溃出现得较晚。

对于无标度网络，由于 ID 策略和 RD 策略比较相似，这样我们用 ID 策略来近似 RD 策略，因此命题 6.3 可以改写成如下形式。

命题 6.4　对于一个给定的无标度网络，对于任意的度量，假如基于该度量的攻击策略能够生成和 ID 策略相同的序列，则该攻击策略在崩溃发生之前是效果差的。

一些无标度网络，如 CSF 网络，具有紧致的特性，也就是说，一个节点在一个度量上是重要的，在另外的度量上也常常是重要的。这样的网络具有较好的抗攻击性。

考虑在崩溃发生以前无标度网络的忍耐性。假如度分布指数保持常数，当平均度增加时，不太重要的节点，甚至是边缘性的节点都将获得更多的边，这一位置，ID 攻击策略更难将网络划分成几个部分。也就是说，具有较高平均度的无标度网络具有较好的抗攻击性。

通过以上的分析，具有较大平均度的紧致无标度网络将能够抗拒 ID 攻击策略，也能抗拒一些其他的选择性攻击策略，因此具有较好的抗攻击性。

进一步地，可以推论，对于其他类型的网络，如规则网络、小世界网络等，在平均度大的情形下，也具有较好的抗攻击性。

6.8　本章小节

本章通过分析当前关于无标度网络在选择性攻击下脆弱的主流观点和现实有些无标度网络鲁棒的现象不符的矛盾，认为可能的原因在于该主流观点的前提，即假设成功攻击任何一个节点所花费的代价相等。现实网络中，对所有节点的攻击代价不可能相等。例如在战争中，攻击一个将军的难度要比攻击一个普通士兵的难度要大得多；同样在 Internet 中，通畅度大的节点所受到的保护就越大。所以针对度大的节点的攻击难度要比针对度小的节点的攻击难度要大，通过这一思路，本章研究了攻击代价不同时各类型无标度网络的行为。

本章以攻击成功时移除节点所连接的边数，也就是该节点的度作为攻击代价。根据这一度量，并基于攻击策略的定义，研究能够抵抗基于不同代价的各种攻击策略的无标度网络特征。本章给出紧致性网络的定义，基于理论性讨论和证明指出：在攻击代价不同的情形下，无标度网络在选择性节点攻击下可能是鲁棒的；进一步，越紧致且平均度越大的无标度网络在选择性节点攻击下越鲁棒。除紧致性外，本章又考虑了网络的平均度这一影响网络鲁棒性的因素，进一步提出在同一平均度条件下，结构越紧致的网络越鲁棒的结论。

为证实以上结论，本章对 5 个网络进行了仿真实验。

通过实验证实：

(1) 在攻击代价不同的情形下，越紧致且平均度越大的无标度网络在选择性节点攻击下越鲁棒；

(2) 在同一平均度条件下，结构越紧致的网络越鲁棒。

这两个结论都反映出无标度网络在选择性节点攻击下可能是鲁棒的。此外，本章所得到的结论对于非无标度网络也是成立的。

从节点重要性研究可知，针对网络的攻击策略不仅可以包括面向度和面向介数的攻击，还可以包括面向接近度和面向邻居的攻击策略。除此之外，按照节点重要性的相关研究，存在更多的未被研究的攻击策略。如针对最重要节点的重要邻居的攻击 (军事上表现为不直接攻击指挥中枢，而攻击通信单位)。在攻击顺序上，目前所研究的多为从重要向非重要的节点递减的攻击策略，显然还存在由非重要性到重要性的攻击策略，或者由中间到两边的攻击策略。例如，军事学上消灭有生力量的策略和伤其十指不如断其一指的军事策略等。

在以后的研究中，我们将关注复杂网络在边攻击下的鲁棒性问题。本章仅研究了针对节点的攻击，即以移除节点为目的的攻击。在此攻击方式下，每次攻击的目标是移除一个节点，其代价为连接该节点的边，也就是该节点的度，因此每次攻击的攻击代价就有可能会不同。若是考虑针对边的攻击，每次攻击只移除一条边，进一步假设移除每条边所花费的代价相等，那么网络可能与面对节点攻击时不尽相同。

在本章的研究中，没能得到最鲁棒的网络的解析式。本章的分析和仿真实验结果表明在攻击代价不同的情形下，无标度网络在选择性节点攻击下可能是鲁棒的。进一步，越紧致且平均度越大的无标度网络在选择性节点攻击下越鲁棒，而在同一平均度条件下，结构越紧致的网络越鲁棒。那么紧致的无标度网络是否是同一平均度条件下最鲁棒的网络呢？该理论问题将在后续工作中进行研究。

本章的结论可用在社会结构演化和生态系统演化的研究中，可能用于解释生物种群以及社会结构系统演化的演化规律。在这些网络中，节点得以进化的原因可解释为该节点有利于整体的网络稳定，即节点的演化遵循"最稳者生存"，稳定性就是适应性。相比于本章的结论，偏好连接增长模型倾向于"最强者生存"，即适应性就是强壮性。

第7章　复杂网络的抗攻击理论与边攻击

Barabási 是复杂网络抗攻击性研究的开拓者。他和他的同事研究无标度网络的抗攻击性，得到了一个有意思的结果：无标度网络在随机攻击下鲁棒，在选择性攻击下脆弱 [52]。

基于 Albert 等的研究，Motter [98]，Holme [99] 和其他的研究者探讨了复杂网络在节点和边攻击下的动态效应。Holme 等的工作拓展了复杂网络中节点度和节点介数的概念，提出了边度和边介数的概念，从而把网络抗攻击性的工作扩展到边攻击的情形 [53]。他们的结论认为：复杂网络在选择性边攻击下比选择性节点攻击下要鲁棒得多，尽管仍然是脆弱的。

这些研究者大多支持 Barabási 等的结论 [14, 53]，很少有人对这一结论具有疑虑 [95,100-104]。

然而，问题的关键点在于：多数研究者的研究没有对网络鲁棒性给出明确定义，他们判断网络是否鲁棒使用的是网络性能曲线的下降速度 [52, 99, 104]。这一下降速度的判断基于的是人的主观判断。例如，即使是全连通网络，无可争议的节点攻击下最鲁棒的网络类型，其网络性能曲线也是呈现快速下降形式。因此，通过网络性能下降速率来断定网络鲁棒性需要更深入的思考，也就是说，对于建立在模糊的鲁棒性定义上的研究结论，其科学性值得更深入地探讨。

此外，我们注意到，很多研究使用案例法来支持自己的结论，但对照组设置并不充分。在第 6 章中，本书指出：除了网络的结构以外，还存在其他的因素影响网络的抗攻击性，因而，如果不采用设置对照组的方式排除掉潜在可能的影响因素，那么得出的结论所依赖的方法不完备，从而将影响其结论的可靠性。

基于对复杂网络抗攻击性研究领域的观察，我们将从最细节的地方出发，对复杂网络的边攻击进行深入研究。

我们首先从"鲁棒性与脆弱性并存"这一结论开始。实际上，"鲁棒性与脆弱性并存"这一论断从边攻击的角度来看，不仅有第 6 章所提到的与客观事实的矛盾，而且其论断内部在逻辑上也存在潜在伴谬。

7.1　潜在伴谬

"鲁棒性与脆弱性并存"这一论断来源于无标度属性的"专制性"。也就是说，对于无标度网络，少数的节点，即 Hub 节点，具有大多数的边，而大多数的节点，即边缘节点，只有少量的边。于是，上述论断的逻辑过程为：① 即使只删除少量的 Hub 节点，整个网络的大多数边都已经被删除了，从而导致网络快速崩溃，网络表现得非常脆弱；② 当删除大量边缘节点时，整个网络损伤很小，因此网络是鲁棒的。

然而，我们发现，当将这一论断应用到最专制的网络时，将会出现潜在的伴谬。

考虑将"鲁棒性与脆弱性并存"这一论断应用于星形网络。所谓星形网络，是指所有边缘节点与唯一的中心节点有链接，且每个边缘节点只有一个链接，唯一的中心节点则有多个链接。星形网络是民主性最差、专制性最强的网络。一方面，因为其专制性，当中心节点被删除的时候，星形网络即完全崩溃，所以在经典抗攻击性研究中，星形网络在选择性节点攻击下最为脆弱。另一方面，在随机攻击 (或随机失效) 时，由于边缘节点数远远大于中心节点数，随机选取节点的时候，很大概率地会选择边缘的节点，从而星形网络受损不大，因此星形网络非常鲁棒。

然而，对于星形网络而言，因为所有的边都是对称的，选择性边攻击等同于随机性边攻击，这两个攻击策略本质是同一个策略。如此一来，"选择性边攻击下脆弱，随机性边攻击下鲁棒"这句话本质上说的是：同一个网络在同一个攻击策略既鲁棒也脆弱。这样的矛盾结论在科学中是不被容许的。

下面，我们以三种方式表述潜在伴谬。

7.1.1　第一表述

为了简化讨论，以六个节点的星形网络为例，来探讨在选择性节点攻击情形下的抗攻击性。在这个网络中，一个中心节点连接到另外五个边缘节点。

和以前的研究一样，我们选择巨组件的归一化后的大小 (巨组件的节点占总节点数的百分比)$s(t)$ 作为网络性能的度量。这里，t 是被删除节点的百分比 (node percentage)。选择性节点攻击下的网络性能曲线如图 7.1 所示。

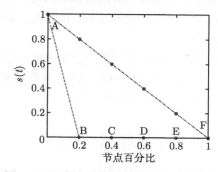

图 7.1　六个节点星形网络的网络性能图

在图 7.1 中, 折线 ABF 通常被认为是网络的性能曲线。不过, 这里有一个潜在佯谬。

如横轴所暗示的, 点 B, C, D, E 和 F 意味着在相应的位置的左边, 相应的节点必定存在于剩下的网络中, 并且在相应位置的右边, 相应的节点必定不存在。例如, 在 B 点位置, C 点所对应的节点必定存在。

但是, 折线 ABF 已经暗示, 在点 A 位置, 剩下的所有节点都已经被移除网络了。这段话也可以换一种方式表达: 从移除节点的后果看, 点 B, C, D, E 和 F 应当是一个点, 从坐标系统的角度看, 这些点不能是一个点。

可能有人会说, 可以使用直线 AF 作为性能度量。然而, 直线 AF 也是完全图在节点攻击下的性能曲线。如此, 最鲁棒的网络和最脆弱的网络共享一条性能曲线, 这样的结论定然是无意义的。

7.1.2　第二表述

在图论上, 删除一个节点能够被视为一束边的删除。逻辑上, 删除一个节点暗示着两个步骤: ① 删除该节点; ② 删除与该节点有关的所有边。在抗攻击性研究中, 被删除的节点并不被计入, 因此第一个步骤实际上无关紧要。也就是说, 一直以来, 删除一个节点实际上也被视为一束边的删除。

既然删除一个节点被视为删除一束边, 当把"鲁棒性与脆弱性并存"这一论断应用到星形网络时, 网络是否鲁棒这一问题仅依赖于我们看待攻击的方式, 也就是说, 从边攻击的角度, 可以看到一个潜在佯谬。

一方面, 边攻击策略意味着边被逐一删除的序列。对于星形网络而言, 这一序列能够近似为节点随机失效, 也就是删除边缘节点, 因而"鲁棒性与脆弱性并存"这一论断表明, 星形网络在边攻击策略下总是鲁棒的。进一步地, 因为所有的边缘节点是等价的, 因而边的删除顺序是无关的。也就是说, 一条边的删除实际上是一个独立的事件。

另外一方面, 假如我们把所有删边的序列视为所有边的一个集合 (集合内, 删除序列也是无关的), 这样, 删除所有边实际上也就变成了删除中心节点, 那么, 星形网络是极端脆弱的, 因为删除所有边的这个序列现在变成了选择性节点攻击。在这里, 我们能把这一集合视为一个大事件, 而这一大事件由一些独立的小事件组成。

从上面的分析可以得出,"鲁棒性与脆弱性并存"这一论断实际上暗示了: 假如一个大事件能够被分为一些独立的小事件, 小事件的总体效益可以与大事件的总体效益相反。这一观点很难说得通。

也就是说, 在很多论文中所讨论的星形网络是否鲁棒仅取决于我们对其攻击序列的语义指派。如果语义指派为选择性节点攻击, 则是极度脆弱的; 如果语义指派为随机节点攻击，则是鲁棒的。这在逻辑上是不合理的。

　　另外地，对于星形网络，选择性边攻击和随机边攻击是等同的。也就是说，星形网络在边攻击下的抗攻击性既不能是鲁棒的，也不能是脆弱的，而应当是平衡点。假如选择性边攻击能够被反向转换为节点攻击，那么星形网络的抗攻击下实际上应当是一个平衡点，既不鲁棒，也不脆弱。通过反向转换，我们找到了一条清除潜在伴谬的方法。

7.1.3　第三表述

　　因为节点攻击能够被转换成边攻击，当度量复杂网络抗攻击性时，在节点攻击下的性能值必须近似于相应的边攻击性能值。这一点可以由图 7.2(a) 和图 7.2(b) 得以阐明。

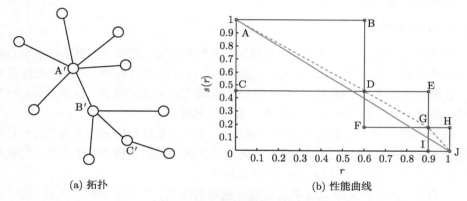

（a）拓扑　　　　　　　　　　　　　（b）性能曲线

图 7.2　示例网络和其性能曲线

　　图 7.2(a) 是一个非常简单的例子网络。假如该网络被 IDN 策略攻击，即基于初始图 (initial-graph based) 和基于度 (degree based) 的节点攻击策略，仅需要删除三个节点，即 A′、B′ 和 C′。当我们把节点攻击转换成边攻击的时候，也就是说，将一个节点的删除视为与该节点有关的所有边的删除时，一件有趣的事情就发生了。如图 7.2(b) 所示，在度量网络性能时，存在巨大的不确定性。

　　在图 7.2(b) 中，横轴是被删除边的百分比 r，纵轴是归一化的网络性能 $s(r)$。假设节点 A′ 的所有边必须一次性删除，我们讨论两种极端情形。当删除图 7.2(a) 中的 A′ 时，图 7.2(b) 中的点 B 和点 C 是性能曲线中两个合理的点。一方面，点 B 是刚刚删除节点 A′ 所有边之前的性能点，因此性能曲线应当包含点 A、B 和 D。明显地，此时性能曲线表明，例子网络在 IDN 策略攻击下是鲁棒的。另一方面，点 C 是刚刚删除节点 A′ 所有边之后的性能点，因此性能点应当包含点 A、C 和 D。这里，性能曲线表明，网络是脆弱的。总之，当从边攻击的角度考察节点攻击时，存在着巨大的不确定性。

此外，假如我们将例子网络换成星形网络，不确定性将变成最大。不确定性最大是佯谬的另一种表述。

依据上面的叙述，我们可以得出以下结论。

(1) "鲁棒性与脆弱性并存"这一论断存在潜在的佯谬。

(2) 星形网络的抗攻击性是一个平衡点。从这个观点出发，潜在佯谬能够被清除。

(3) 鲁棒性和脆弱性的定义中存在巨大的不确定性。

(4) 节点攻击应当和边攻击一致。因为节点攻击能转换成边攻击，而边攻击不一定总能转换成节点攻击，因此复杂网络的抗攻击性应当以边攻击为基础。

从上面的分析也可以得出：① 相当多的结论使用的是定性的方法来确定复杂网络的抗攻击性；② 在研究中没有使用控制组；③ 所基于的科学断言，即无标度网络在选择性攻击下脆弱，在随机性攻击下鲁棒，在边攻击情形下存在潜在佯谬。其中，①和③属于理论性问题，②属于实验方法的问题。

要解决上述问题，需要定量地对复杂网络的抗攻击性进行研究；经典结论存在潜在佯谬，因此，必须在定量研究过程中排除该潜在佯谬。此外，在实验环节中，必须使用对照组以消除所有可能的影响因素。

实际上，也有研究者开始从定量的角度探索复杂网络的抗攻击性能。例如，Herrmann 等 [105] 定义了一个定量的抗攻击性指标，命名为 R 指标，用以度量复杂网络在节点攻击下的抗攻击性能。该指标如式 (7.1) 所示。

$$R = \frac{1}{N+1} \sum_{i=0}^{N} s(i) \tag{7.1}$$

其中，N 表示网络的大小，即所有节点的数目；$s(i)$ 表示在删除 i 个节点以后最大连通子图的节点数占所有节点数的比例。

后来，Schneider 等将 R 指标进行扩展，用来度量边攻击下的复杂网络抗攻击性能。其扩展等式见式 (7.2)。

$$R = \frac{1}{N(N+1)} \sum_{i=0}^{N} s(i) \tag{7.2}$$

然而，Schneider 等没有意识到"鲁棒性与脆弱性并存"这一论断中可能存在的佯谬，因此该定量化指标不能统一地处理节点攻击和边攻击 [106]。

本章提出 I 指数来解决该领域中出现的理论性问题。也就是说，解决抗攻击性的定量化问题，并且在定量化的过程中排除潜在佯谬。

7.2　定量化方法

定量化方法主要有两个目标：① 统一处理节点攻击和边攻击，并且保证在节点攻击和相应的边攻击情形下，指标的值相同或者相近 (在考虑误差的情形下)；② 给出一个复杂网络在攻击策略下鲁棒性和脆弱性的区分方法。当然，排除掉潜在佯谬。

为了达到这两个目标，我们首先将复杂网络在攻击策略下的性能曲线正则化、连续化，然后定义了一个连续曲线，命名其为基准线，从而定义网络的抗攻击性指数值为正则化连续性能曲线减去基准线的积分。当指数值为 0 时，表明网络既不鲁棒，也不脆弱，处于中间状态；当指数值大于 0 时，网络是鲁棒的，值越大，网络越鲁棒；当指数值小于 0 时，网络是脆弱的，值越小，网络越脆弱。

下面，从正则化网络性能、基准线和抗攻击性三个方面介绍所提出的定量化方法。

7.2.1　正则化网络性能

以前的研究者已经提出了各种度量网络性能的方法 [25, 53]。这里，我们使用巨组件的大小，即给点网络在被删除了一定数量的边以后所剩下的最大子网络的节点个数。当然，节点攻击中某个节点被删除视为连接到该节点所有的边被删除。

假设初始网络具有 N 个节点和 E 条边，在删除 T 条边以后，巨组件的大小为 $\tilde{s}(T)$。那么，删除了比例为 r 的边后，其正规化的网络性能可以表示为式 (7.3)。在该等式中，$s(r) \in [0,1]$，并且 $r \in [0,1]$。

$$s(r) = \frac{\tilde{s}(T)}{N} \tag{7.3}$$

且

$$r = \frac{|T|}{E} \tag{7.4}$$

由于边的数目是整数，也就是说，是离散的，所以正则化后的网络性能也是离散的。为了定义基准线和计算抗攻击性指数，网络性能曲线需要是连续的。因而，这里使用了最常用的连续化方案，即把相邻的离散点用折线一个个串联地连接起来，从而形成一条连续的折线。这一方案有利于使得节点攻击下抗攻击指数的值更靠近相应的边攻击下的指数值。

然而，对于节点攻击，还需要提及一个问题。注意到一个节点的删除可以被视为一束边的删除，当节点被删除的时候，其边被删除的顺序可以变化，这样正则化网络性能会产生变化。为了简化这一问题，这里建议使用插值法解决。

假设网络性能值在节点删除之前和删除之后分别为 s_i 和 s_j，这里 i 和 j 是巨组件的边的数目，如此，在巨组件剩下 m 条边以后的网络性能由式 (7.5) 定义。

$$s_m = s_i + \frac{m-i}{j-i}(s_j - s_i) \quad (i \leqslant m \leqslant j) \tag{7.5}$$

使用插值法，节点攻击就能够被一般化为边攻击了，从而节点攻击下的网络性能就近似于边攻击下的网络性能。

7.2.2　基准线的定义

对于在某种攻击下的网络性能值和性能曲线，需要判别该网络在该种攻击下是否鲁棒。这里建议了一种基准线，如果性能值在基准线上方，则表明鲁棒，在基准线下方，则表示脆弱。

对于攻击策略，每一种攻击策略都可以表示为一系列的攻击。因此，要判断网络在该攻击策略下是否鲁棒，需要考虑这一系列攻击下，网络的总体鲁棒性。最直观的方法为：计算系列攻击下，网络性能曲线所围成的面积。下面用例子说明。

当一个网络被攻击后，通常情形下用一个坐标系来刻画攻击和相应的网络性能之间的关系 (图 7.3)。在图 7.3 中，横坐标代表了在各种攻击下被删除的边的比例，纵坐标则代表了正则化后的网络性能。每一个攻击和相应的网络性能被绘制为一个点。在一系列的攻击后，攻击和网络性能之间的关系形成了一条离散的曲线。

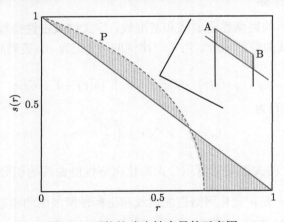

图 7.3　网络抗攻击性度量的示意图

在图 7.3 中，连续的对角线构成了基准线，点状线即为网络性能曲线，点 P 是网络性能曲线中的一个点。阴影区域是基准线和性能曲线间的差。在基准线上方区域减去基准线下方区域即构成抗攻击性指数的值。

基准线，即图 7.3 中的对角线，该对角线将整个区域平均地划分成了两个部分。该线的意义是：移除的边与失去的节点之间的平衡。当一定比例，如 5% 的边被移除时，对于失去的边，有三种情况：① 5% 的边失去了；② 小于 5% 的边失去了；③ 大于 5% 的边失去了。对于第一种情形，删除的边的比例与相应的网络性能之间是线性关系，因此定义为基准线；对于第二种情形，较多的边被删除，然而网络性能损失较少，正则化后的曲线处于基准线的上方，定义为网络是鲁棒的；对于情形三，较少的边被删除，但网络性能损失较多，曲线位于基准线下方，定义为脆弱。

数学上，基准线可以用式 (7.6) 表示，即

$$f(r) = 1 - r \tag{7.6}$$

基准线给出了对于某个攻击下网络鲁棒性和脆弱性的严格的区分。也就是说，当网络性能点处于基准线上方时，该网络在该点所对应的攻击下是鲁棒的，反之，则是脆弱的。

对于攻击策略而言，如果攻击策略所对应的网络性能曲线全部在基准线上方，显然，网络对于该攻击策略是鲁棒的；如果全部位于基准线下方，网络对于该攻击策略是脆弱的。然而，攻击策略所对应的网络性能曲线常常是一部分在基准线上，一部分在基准线下，因此需要一个新的关于攻击策略的网络抗攻击性指标。这里，建议使用正则化连续网络性能曲线减去基准线的积分来刻画网络的抗攻击性能。

7.2.3　抗攻击性指标

基于正则化后的网络性能曲线和基准线，定义抗攻击性指标 I 为正则化网络性能曲线与基准线的差的积分。当某一比例的边 (记为 α) 被删除时，抗攻击性指标记为 I_α，即

$$I_\alpha = \int_0^\alpha (s(r) - f(r)) \mathrm{d}r = \int_0^\alpha (s(r) - 1 + r) \mathrm{d}r \tag{7.7}$$

式 (7.7) 可以被重写为

$$I_\alpha = \int_0^\alpha s(r) \mathrm{d}r + \left(\frac{\alpha^2}{2} - \alpha \right) \tag{7.8}$$

求解式 (7.8) 的关键是计算积分正则化网络性能曲线的积分 $\int_0^\alpha s(r)\mathrm{d}r$。事实上，积分 $\int_0^\alpha s(r)\mathrm{d}r$ 是正则化网络性能曲线和坐标轴所围成的图形的面积。

因为 E 是边的数目，离散的正则化网络性能曲线函数 $s(r)$ 有 $E + 1$ 个点，即 $\{s_0, s_1, \cdots, s_E\}$，其中包含没有受到任何攻击的初始图。因此，被正则化网络性能曲线和坐标轴包围的面积在 α 比例的边被删除以后的面积 A_α 满足式 (7.9)，即

$$A_\alpha = \left(\frac{s_0 + s_1}{2} + \frac{s_1 + s_2}{2} + \cdots + \frac{s_{e-1} + s_e}{2} \right) \times \frac{1}{E} \tag{7.9}$$

其中，

$$e = \lceil \alpha * E \rceil \tag{7.10}$$

因此，式 (7.8) 可重写为

$$I_\alpha = A_\alpha + \left(\frac{\alpha^2}{2} - \alpha \right) \tag{7.11}$$

因为坐标轴的值域为 $[0, 1]$，所以 $0 \leqslant A_\alpha \leqslant 1$，因此 $I_\alpha \in [-0.5, 0.5]$。

因此，抗攻击性指标被定量化。在极端情形下，正则化网络性能曲线能够完全覆盖基准线，此时，$I_\alpha = 0$。当它在基准线上的面积小于基准线下的面积时，$I_\alpha < 0$，网络是脆弱的。当它在基准线上的面积大于基准线下的面积时，$I_\alpha = 0$，网络是鲁棒的。对于同样比例的被删除边，较大的抗攻击性指标值指示着更鲁棒的网络。

特别地，当所有的边都被删除时，抗攻击性指标由式 (7.12) 表示，并且指标 I_1 经常被研究者用于评估网络的抗攻击性。

$$I_1 = \int_0^1 (s(r) - 1 + r)\mathrm{d}r \tag{7.12}$$

当 $\alpha = 1$ 时，有一种简便的方法来计算抗攻击性指数。

依据几何学，被基准线和坐标轴围成的面积是常数 $1/2$，因此 I_1 实际上是正则化网络性能曲线与坐标轴围成的面积减去常数 $1/2$，可以写成

$$I_1 = A_1 - \frac{1}{2} \tag{7.13}$$

其中

$$A_1 = \left(\frac{s_0 + s_1}{2} + \frac{s_1 + s_2}{2} + \cdots + \frac{s_{E-1} + s_E}{2} \right) \times \frac{1}{E} \tag{7.14}$$

注意到 $s_0 = 1$ 和 $s_E = 0$，因此式 (7.14) 能够被重写为

$$A_1 = \left(\sum_{i=0}^{E} s_i - \frac{1}{2} \right) \times \frac{1}{E} \tag{7.15}$$

抗攻击性指数 I_1 仅反映了鲁棒性和脆弱性的最终状态。在很多情形下，我们需要知道网络一系列攻击性的中间状态，因此这里根据通常的需要，建议几个常用抗攻击性子指数 $I_{0.2}$、$I_{0.5}$、$I_{0.7}$ 和 $I_{1.0}$。它们分别对应于 20%、50%、70% 和 100% 的边在指定的攻击策略下删除后的抗攻击性性能。

7.3　定量化指标下小世界网络的抗攻击性分析

为了更好地证明该方法的有效性，我们选取了三个常用的小世界网络作为实验网络，它们是线虫的 C. elegans (神经网络)、powergrid (美国西部电网) 以及 WS model (小世界模型网络)。三个实验网络中前两个网络都是现实中的网络，而 WS model [2] 来源于由 Watts 和 Strogatz 在 1998 年提出的小世界网络模型理论。根据该理论，我们用 1 000 个网络节点组建一个环，在这个环中每个节点都有 10 个最近的左邻接节点，其中每一条边都有 $p = 0.02$ 的重连概率，即每一条边都有 p 的概率改变终点节点重新连接到任意节点上。在本实验中任何除了网络拓扑之外的附加信息都一律忽略，实验网络的部分属性如表 7.1 所示。

表 7.1　实验网络的属性

网络名	节点数 (N)	边数 (E)	平均度 ($\overline{D}$)
C. elegans	453	2 040	8.94
powergrid	4 941	6 594	2.66
WS model	1 000	10 000	20

攻击一个网络系统的方法有无数种，通常来说，我们只关心系统会出现的随机失灵和对系统的恶意攻击。因此，本节中我们使用两类常见的攻击策略进行实验 [53]：第一类是随机性攻击策略 (随机网络失灵)，即在实验网络中随机地删除节点或边；第二类是选择性攻击策略 (恶意攻击)，即按节点或边的重要程度依次删除节点或边。基于对节点和边的重要程度指标定义的多样性，实验中我们可以使用不同的选择性攻击策略 [104]。在先前的研究中多数都采用了度和介数作为重要性指标。在很多时候，重要性指标的计算方法对选择性攻击策略也产生影响，也就是说，我们计算重要性指标的方法可以是：在攻击前即计算好初始网络的重要性指标值，在攻击过程中，不改变其重要性指标值。或者我们可以在每次攻击之后根据新的网络重新计算重要性。一般而言，被广泛应用的网络攻击策略有以下几种：随机攻击、ID、IB、RD、RB。在此，我们仅选用基于初始网络的 ID 和 IB 攻击策略，也就是说，在移除任何的节点或边之前我们已经将度和介数计算出来并进行降序排列了，我们将根据这个序列依次移除网络中的节点或边。重要性最强的节点或边将被首先移除，若是出现重要性相同的边或节点，它们将被按照随机的顺序依次移除。

7.3.1　边攻击定量仿真实验

在本次试验中，使用了三种攻击策略，它们是随机攻击、ID 攻击和 IB 攻击。为了与节点攻击相区别，我们改写成 RnE 攻击、IDE 攻击和 IBE 攻击。在这里，边度 [53] 是由该边两个端点的度决定的，边的介数 [53] 在这里被定义为通过该边的最短路径的数目。

随机边攻击和选择性边攻击的实验结果如图 7.4 所示，相关的指标量如表 7.2 所示。

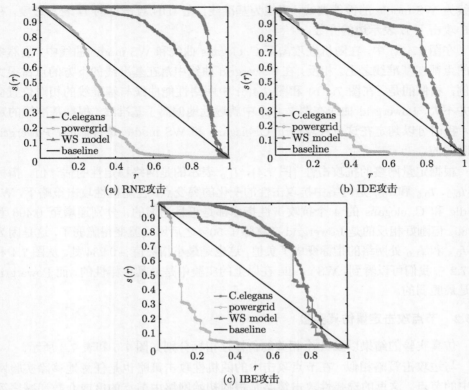

(a) RNE攻击　　　　　　　　(b) IDE攻击

(c) IBE攻击

图 7.4　实验网络在边攻击下的模拟实验 (后附彩图)

表 7.2　在边攻击下各网络的抗攻击性指标

网络	攻击策略	$I_{0.2}$	$I_{0.5}$	$I_{0.7}$	$I_{1.0}$
	RnE	0.018	0.120	0.206	0.286
C. elegans	IDE	0.008	0.070	0.120	0.166
	IBE	0.008	0.070	0.138	0.166
	RnE	0.008	−0.152	−0.302	−0.390
powergrid	IDE	0.000	−0.112	−0.188	−0.234
	IBE	−0.062	−0.240	−0.316	−0.358
	RnE	0.020	0.126	0.246	0.406
WS model	IDE	0.020	0.112	0.210	0.300
	IBE	0.020	0.114	0.194	0.206

　　在图 7.4 中，$s(r)$ 是网络的性能曲线，该曲线由网络的主成分的大小得出，r 是已移除边占原始边集的百分比。最靠近坐标原点的曲线是 Powergrid 在这三种攻击方式下的性能曲线，居中的曲线为 C. elegans 的性能曲线，最远离坐标原点的

曲线为 WS modle 的性能曲线，直线为基准线，在 IDE 攻击下的 D 表示边度，在 IBE 攻击下 B 表示边的介数。

在图 7.4(a) 中，在随机性攻击下 C. elegans 曲线和 WS modle 曲线中，显然多数的点都在基准线之上。相反，在 Powergrid 曲线中落在基准线的下方的点占很大比例。相似的是，在图 7.4(b) 和图 7.4(c) 中网络性能曲线与基准线的相对位置变化并不大，Powergrid 曲线在图 7.4(a) 中就远远地偏离了基准线。根据基准线的定义，我们可以判定在这三种攻击下 C. elegans 和 WS modle 是鲁棒的，Powergrid 是脆弱的。

根据定量网络的抗攻击性 (图 7.4)，$I_{1.0}$ 表示的是网络稳定性的估计值，指标点 $I_{0.2}$, $I_{0.5}$ 和 $I_{0.7}$ 是网络中抗攻击性的变化的突变点，在随机性攻击策略下，WS modle 和 C. elegans 的 4 个抗攻击性指标都是正且递增的，分别递增至 0.406 和 0.286。但刚好相反的是 Powergrid 在移除了 50% 之后网络就变得脆弱了，这是因为在 $I_{0.5}$ 和 $I_{1.0}$ 处网络的指标变成了负值，这也是最小指标值 -0.234 处。从图 7.4 和表 7.2 中我们可以看到，WS modle 在以上的实验中是最具鲁棒性的，而 Powergrid 则是最脆弱的。

7.3.2 节点攻击定量仿真实验

仿真实验的结果以及 4 个相关的鲁棒性指标分别如图 7.5 和表 7.3 所示。

与边攻击策略相似，在节点攻击中的随机性攻击策略也是任意地移除实验网络中的节点。这里的选择性攻击策略是根据初始网络中节点的度或介数递减序列来移除节点，节点的介数定义为通过该节点的最短路径的数目。

图 7.5 中网络性能曲线和基准线的相对位置与图 7.4 是相似的，WS modle 和 C. elegans 中多数的点都在基准线之上，Powergrid 的性能曲线中几乎所有的点都在基准线之下。

在随机节点攻击下 (图 7.5(a))，C. elegans 和 WS modle 的抗攻击性指数都是满足 $I_1 > 0$ 这个条件的，而且后者的抗攻击性稍大于前者。Powergrid 中 I_1 处为负值也是最小值。在图 7.5 和表 7.3 中，我们可以看出 WS 小世界模型网络在随机节点攻击下是最鲁棒的，而 Powergrid 是最脆弱的。

值得一提的是，在图 7.5(b) 和图 7.5(c) 中可以看出 WS modle 在 ID 和 IB 攻击策略下是最鲁棒的，同时，Powergrid 是最脆弱的。从表 7.3 中，我们可以看出当 $\alpha = 0.5$ 时，Powergrid 的抗攻击指数变成了负值。这个结果表明，移除网络中 50% 以上的边后 Powergrid 的性能曲线下降得更快。

为了精确估计在节点攻击和对应边攻击下的指标值，我们将 ID 和 IB 两种节点攻击策略转化成了边攻击策略，指标值的对比数据如表 7.4 所示。将节点攻击转化成边攻击时，每一个节点或边都将被随机地移除。因为移除边的序列是不同的，边攻击的抗攻击性指标值也是多样的。因此, 在节点攻击和对应的边攻击间就出现了误差。在表 7.4 中, 我们一次完成了节点攻击和对应的边攻击, 并计算出在节点攻击和对应边攻击下的抗攻击性指标绝对误差 (定义为误差)。

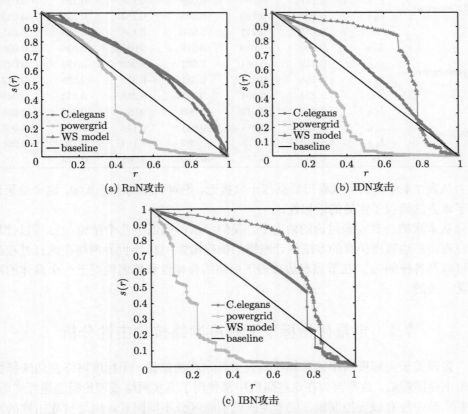

(a) RnN攻击

(b) IDN攻击

(c) IBN攻击

图 7.5　实验网络在节点攻击下的模拟实验 (后附彩图)

表 7.3　实验网络在节点攻击下的抗攻击性指标

网络	攻击策略	$I_{0.2}$	$I_{0.5}$	$I_{0.7}$	$I_{1.0}$
C. elegans	RnN	0.146	0.178	0.180	0.194
	IDN	0.095	0.111	0.128	0.135
	IBN	0.103	0.137	0.154	0.188
powergrid	RnN	−0.005	−0.083	−0.115	−0.128
	IDN	0.001	−0.094	−0.134	−0.156
	IBN	0.116	−0.076	−0.156	−0.201
WS model	RnN	0.143	0.159	0.193	0.207
	IDN	0.119	0.141	0.189	0.267
	IBN	0.108	0.130	0.170	0.265

表 7.4　节点攻击和边攻击的近似分析

网络	子指标	IDN	IDE	误差	IBN	IBE	误差
C. elegans	$I_{0.2}$	0.095	0.016	−0.079	0.103	0.016	−0.087
	$I_{0.5}$	0.111	0.102	−0.009	0.137	0.102	−0.035
	$I_{0.7}$	0.128	0.193	0.065	0.154	0.193	0.039
	I_1	0.135	0.211	0.076	0.188	0.223	0.035
powergrid	$I_{0.2}$	0.000	0.019	0.019	−0.062	−0.036	0.026
	$I_{0.5}$	−0.112	−0.081	0.031	−0.240	−0.193	0.047
	$I_{0.7}$	−0.188	−0.157	0.031	−0.316	−0.269	0.047
	I_1	−0.234	−0.201	0.033	−0.358	−0.313	0.045
WS model	$I_{0.2}$	0.020	0.012	−0.008	0.020	0.012	−0.008
	$I_{0.5}$	0.112	0.071	−0.041	0.114	0.071	−0.043
	$I_{0.7}$	0.210	0.128	−0.082	0.194	0.129	−0.065
	I_1	0.300	0.210	−0.090	0.206	0.212	0.006

　　从表 7.4 中我们可以看出数据都十分接近, 绝对误差均小于 0.09, 这个结果说明了本方法确保了实验的近似性。

　　从本次的仿真实验讨论的内容中, 我们可以得到以下几个结论: ① 可以使用节点攻击和边攻击仿真的方法估计网络的抗攻击性; ② 小世界网络在选择性攻击下可以是鲁棒的; ③ 在节点和边攻击下网络的鲁棒性和脆弱性对于一个具体的网络是一致的。

7.4　定量化指标下无标度网络抗攻击性分析

　　先前关于无标度网络的鲁棒性研究支持这样的结论: 无标度网络在边选择性攻击下是脆弱的。这是因为在这些研究中都使用了真实网络或理论模型进行实验, 但在实验中没有设置控制组。这一类研究不能区分不同因素对网络抗攻击性的影响, 因此我们在进行足够的对比实验之前不能判定一个无标度网络的鲁棒性和脆弱性。

　　我们的理论 [104] 中已经证明了平均度有可能是影响无标度网络在节点攻击下鲁棒性的因素。因此, 无标度网络在选择性边攻击下的鲁棒性或者脆弱性可能有另外的解释。为了清除相关因素对鲁棒性的影响, 我们设置了控制组, 使得我们只需要关注网络的无标度属性的影响。为此, 我们选取了 4 个无标度网络作为实验网络组, 对每一个选定的实验网络我们都对应地生成一个随机网络作为该网络的控制网络。每一个实验网络与其对应控制网络组成一个网络对, 每一个网络对中两个网络的节点数和边数都是相同的, 这就意味着我们可以将不同平均度对鲁棒性的影响排除了。我们的理论认为无标度网络的紧致系数 (即按不同重要性标准排序得到的节点序列的相似度) 也是影响抗攻击性的因素之一。因此, 我们将一个社区无标度网络加入到 4 个实验网络中与紧致的无标度网络进行比较。

先前的研究中少有学者对鲁棒性提出了量化指标，因此得出的结论都是模糊且有争议的。本节中使用了指标 I [107] 来解决这个问题，使用 0 作为区分鲁棒性和脆弱性的临界值，它也同时适用于节点攻击和边攻击并确保了结果的一致性。

与多数之前的研究相似，本节使用了三种经典的攻击策略来探究无标度网络的鲁棒性。

7.4.1 实验网络说明

我们选择 4 个无标度网络作为实验组，它们分别是 CSF 网络 [104]、CSFM 网络、Polbook①网络和 Protein 网络 [108]。CSF 网络中含有一个连接十分稠密的中心点。CSFM 和 Polbook 网络具有社区特性。在平均度 (记为 $\overline{D}$) 上，CSF 网络和 CSFM 网络的平均度更大，Polbook 网络和 Protein 网络的平均度相对较小。

我们根据已选定的实验网络生成了对应的随机网络，对于生成的每一个随机网络我们都使用原对应网络名加上一个 "1" 作为它的网络名。

实验网络和对应的随机网络的属性见表 7.5。

表 7.5 网络的属性

网络名	节点数 (N)	边数 (E)	平均度 ($\overline{D}$)	紧致度
CSF 网络	1200	7079	11.798	0.943
CSF′ 网络	1200	7079	11.798	—
CSFM 网络	1200	6837	11.395	0.394
CSFM′ 网络	1200	6837	11.395	—
Polbook 网络	105	441	8.400	0.697
Polbook′ 网络	105	441	8.400	—
Protein 网络	1458	1948	2.672	0.846
Protein′ 网络	1458	1948	2.672	—

7.4.2 鲁棒性指标

类似于 Schneider 对 R 的定义 [105, 109] 方式，这里的 I 也使用了区域来度量抗攻击性。

我们首先将实际性能点与插入的邻接点连接成连续的性能曲线，然后定义了基准线，这个基准线将连续的性能曲线空间划分开来并实现了点移除和边移除比例的归一化。我们计算在基准线之上和之下的性能曲线积分，I 的值即为基准线之上的积分值 (表示鲁棒性) 减去基准线之下的积分值 (表示脆弱性)。

---

① 该网络是由 Valdis Krebs 发布并从 MEJ Newman 的网站上下载的。

在已知的边集百分比 (α) 处的 I 值定义为

$$I_\alpha = \int_0^\alpha (s(r) - f(r))\mathrm{d}r = \int_0^\alpha (s(r) - 1 + r)\mathrm{d}r \tag{7.16}$$

这里给出了基准线的等式定义 $f(r)$，$s(r)$ 是在边集比例 r 已经移除后的性能点，$s(r)$ 的等式定义如下所示，$\tilde{s}$ 是该边攻击后的巨组件。

$$s(r) = \frac{\tilde{s}}{N} \tag{7.17}$$

这里，I 计算的是边的百分比而非巨组件的节点数。

由于节点攻击策略可以转化为边攻击策略，确保在节点攻击下和边攻击下的指标值是近似的就十分重要了。同时也因为 I 的计算依据的是边集比例，即适合于边攻击，也适合于节点攻击，我们将它作为网络的一个特性值。

7.4.3 边攻击策略

我们选择三种常用的边攻击策略来进行本次的实验，这三种策略分别是 RnE、IDE 和 IBE。RnE 意味着所有的边都是同等并被随机选择的；IDE 策略按初始网络中的边度从大到小进行边移除；IBE 与 IDE 相似，但是它参照的是边的介数而不是边度。

我们将边 e 的边度 D_E 定义成与该边端点的权值相关的量，等式如式 (7.18) 所示。

$$D_E(e) = x_i^\varpi x_j^\varpi \tag{7.18}$$

其中，x_i 和 x_j 分别是边 e 两个端点的度，在本实验中我们设置 $\varpi = 1$。

7.4.4 实验结果与分析

为了说明本次实验的结果，本小节中使用了网络巨组件的节点数计算网络的性能 $s(r)$，$s(r)$ 在结果图中作为纵轴，移除边集的比例 r 作为结果图中的横轴。实验网络性能曲线如图 7.6 所示。

在图 7.6 中我们可以看到 CSF 网络在三种攻击策略下是最鲁棒的，这是因为它在这三种攻击策略之下的性能曲线中大部分的点都在基准线之上。因为 CSFM 网络和 Polbook 网络都具有社区性，它们不能抵抗 IBE，在 IBE 攻击下它们的性能曲线快速下降至基准线之下，但是在 RnE 和 IDE 攻击下它们是十分鲁棒的。Protein 网络的性能曲线多数都在基准线之下，可以看得出它是最脆弱的。

本小节中用同样的攻击策略测试控制网络组，我们将对应随机网络的性能曲线绘制如图 7.7 所示。

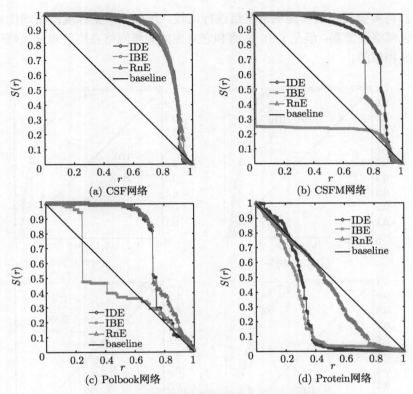

图 7.6　四个所选网络的实验结果 (后附彩图)

从图 7.7 中我们可以看出 CSF′ 网络和 CSF 网络是极为相似的，也意味着它们都是十分鲁棒的。除了 IBE 攻击之外，CSFM′ 网络和 Polbook′ 网络也与对应的 CSFM 网络和 Polbook 网络十分相似。对于 Protein′ 网络它的性能曲线大部分落在基准线之下，也就是说该网络在这三种攻击之下也是脆弱的。

我们注意到在控制网络组中，随机网络的鲁棒性是不确定的，这也就是说，随机网络不能自然地被认为是鲁棒的。这些随机网络所有指标中唯一不同的就是平均度，所以我们可以得出这样一个结论：随机网络的平均度直接影响网络的鲁棒性。我们在此就可以得出结论：平均度决定随机网络的鲁棒性和脆弱性。

对于实验网络组，无标度网络的鲁棒性不仅与节点平均度相关还与紧致程度相关。我们将图 7.6(d) 和图 7.6(a) 进行比较，可以看出节点平均度对鲁棒性的影响。将图 7.6(b) 和图 7.6(a) 比较可以得出紧致程度对鲁棒性的影响。尽管 CSF 和 CSFM 网络的节点平均度是相近的，但是很显然 CSFM 网络不能抵抗选择性介数攻击。

我们将实验网络组和控制网络组进行比较，发现三个无标度网络均比它们对应的随机网络要脆弱，但是 CSF 网络和它对应的随机网络在所有攻击策略下的鲁棒性都是相似的。

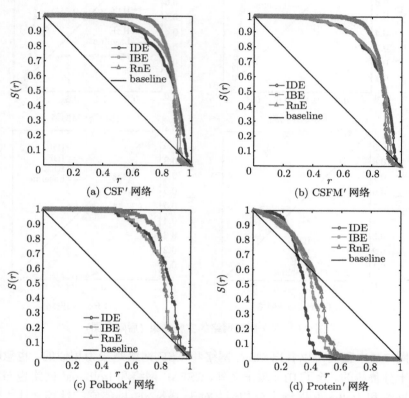

图 7.7　对照组中四个随机网络的实验结果 (后附彩图)

为了在数值上证明这个结论，我们将 I 的值列在表 7.6 中。

表 7.6　网络的抗攻击指数

网络名	策略	抗攻击指数			
		$I_{0.2}$	$I_{0.5}$	$I_{0.7}$	$I_{1.0}$
CSF 网络	IDE	0.019 9	0.120 3	0.226 4	0.338 5
	IBE	0.020 0	0.123 0	0.237 5	0.359 2
	RnE	0.020 0	0.124 3	0.239 0	0.359 4
CSF′ 网络	IDE	0.020 0	0.122 5	0.226 2	0.340 8
	IBE	0.019 8	0.120 5	0.227 9	0.345 2
	RnE	0.020 0	0.125 0	0.243 5	0.362 1

续表

网络名	策略	抗攻击指数			
		$I_{0.2}$	$I_{0.5}$	$I_{0.7}$	$I_{1.0}$
CSFM 网络	IDE	0.019 6	0.120 2	0.224 9	0.324 5
	IBE	−0.125 2	−0.247 9	−0.281 1	−0.281 7
	RnE	0.019 7	0.123 7	0.243 1	0.359 6
CSFM′ 网络	IDE	0.020 0	0.121 9	0.225 9	0.340 5
	IBE	0.019 9	0.120 7	0.224 3	0.332 2
	RnE	0.020 0	0.125 0	0.238 4	0.288 6
Polbook 网络	IDE	0.018 4	0.125 0	0.234 6	0.259 5
	IBE	0.016 9	−0.050 3	−0.079 0	−0.116 0
	RnE	0.018 4	0.123 1	0.233 7	0.277 2
Polbook′ 网络	IDE	0.018 4	0.123 4	0.226 1	0.320 8
	IBE	0.018 4	0.123 4	0.225 9	0.292 8
	RnE	0.018 4	0.124 9	0.238 8	0.319 8
Protein 网络	IDE	0.006 6	−0.090 3	−0.167 9	−0.211 8
	IBE	−0.006 2	−0.122 8	−0.195 9	−0.234 8
	RnE	0.000 2	−0.005 3	−0.079 1	−0.063 4
Protein′ 网络	IDE	0.017 0	−0.046 3	−0.123 9	−0.168 0
	IBE	0.013 4	−0.003 0	−0.077 5	−0.121 3
	RnE	0.011 4	0.019 8	−0.050 4	−0.093 8

从表 7.6 中，我们可以看到 CSF 网络和 CSF′ 网络的 I 值是近似的。Protein 网络和 Protein′ 网络中 I_1 的值是负值，就是说它们都是脆弱的。Protein′ 网络的 I_1 值大于 Protein 网络的 I_1 值。CSFM 网络具有最明显的社区特性，这使得它在选择性介数攻击下是最脆弱的。

7.5　本章小节

网络在攻击下的鲁棒性或脆弱性是一个迷宫式的议题，尤其是把边攻击和节点攻击合并起来进行讨论的时候。尽管学界有着"无标度网络鲁棒性与脆弱性并存"的标准答案，但实际上，这一结论衍生出来的问题早已成为屋子里的大象。正如本书所讨论的，潜在悖谬能够从各个角度推理出来。将无标度网络的抗攻击性研究建立在一个坚实的理论基础上，已经是一个不得不为的工作。

本章首要解决的问题是建立定量化的研究基准。

本章提出了一个定量化的抗攻击性指数，并利用这一指数定量化地研究了复杂网络的鲁棒性。实验结果显示，该指数不仅能度量节点攻击，也能度量边攻击，并且能够使得网络在节点攻击和边攻击形式下的鲁棒性尽可能地接近。也就是说，对于网络鲁棒性或脆弱性的结论是一致的和相容的。通过这一个指数，也定义了网络的鲁棒性或脆弱性的区分基准。

其次的问题是，厘清影响抗攻击性的因素。本章通过对照研究，参照以前的研究结果，得出抗攻击性的因素在于平均度和紧致程度。

最后的问题是，建立更一般的统一的理论框架，用以识别以前各个结论的隐含前提，清除掉各个结论之间的不一致和不相容。如此将极有可能导出新的有趣的研究结论。这一工作目前我们并没能最终完成，只能留待以后研究。

第五篇

复杂网络的优化与演化

第8章 复杂网络的优化模型

自从复杂网络成为一个独立的学科以来,复杂网络的演化机制就一直是学者关心的焦点和重点。学者提出了数以百计的模型来解释复杂网络的演化机制。然而,这些演化机制各有千秋,在理论上都能自圆其说,相当大的一部分还得到实证数据支持,问题也正在于此。对于科学理论而言,通常需要满足简洁性,需要"美":"如无必要,勿增实体"。也就是说,假如这些理论是竞争性的,那么需要确定一个最简洁的表述;假如这些理论是共存性的,那么对于这些理论,必定存在一个不变量,使得在该不变量下,所有的理论都是其特例。具体到复杂网络的研究上,学者必须确定一个最简洁、最美的理论来解释复杂网络的起源和机制。

所谓复杂网络的起源,即 WHY 的问题:为什么复杂网络得以产生?复杂网络的演化机制,即 HOW 的问题:复杂网络怎样演化产生?这两个问题通常情形下是分离的。按照亚里士多德的四因说①,前者可以归为目的因,后者可以归为动力因,都可以看成复杂网络的"因"。当前的复杂网络学者很少对这两个问题进行区分。然而,将这两个问题进行区分还是非常有必要的。

依据我们的研究,复杂网络的起源可以归结为优化,即优化是复杂网络的终极原因;而复杂网络的演化机制,则对应于求解优化问题的各种各样的算法,从而解释了多种理论共存并且很多得到实证数据支持这一现象。不严格地说,复杂网络演化过程中,优化是不变量,而各种演化机制均是求解优化问题的特例算法。

尽管研究者已经发现了很多种复杂网络的特性,然而这些特性之间的关系并没有得到澄清。通过优化,所有的复杂网络都可以表示为优化问题的解,从数学上来说,所有的复杂网络都可以被映射为参量空间的一个点,从而所有特性之间的关系都能够确定。这样,人们就能了解哪些复杂网络是不可能的,哪些复杂网络是可能的;哪些复杂网络不可能有某一种演化机制,哪些复杂网络可能有某一种机制。通过优化,可以为所有复杂网络的演化及类型分布确定一个导航地图。

8.1 复杂网络的典型类型及传统的演化机制解释

复杂网络常常具有无标度 [1]、小世界 [2]、社区结构 [110]、分形 [13, 14] 等

---

① 亚里士多德将事物产生的原因分为四类:形式因、质料因、动力因和目的因。形式因指逻辑上可以推演得到了结果;质料因指物质特性导致了结果;动力因指事物演变驱动导致了结果;目的因指事物的终极因素导致了结果。

特性[25]。

8.1.1　无标度网络及演化机制简介

　　在所有复杂网络的特性中，无标度特性最受关注，因为该特性与临界现象、分形现象以及财富不均、地震预测、疾病控制等密切相关。为了解释无标度特性的起源，研究者已经提出了数以百计的解释，其中最受欢迎的解释是偏好连接增长模型[1]。对于其他特性，研究者也提出了各种模型予以解释[111]。然而，这些模型都互有优缺点，不能统一地解释所有特性；由于不能统一地解释所有特性，因而不能在统一框架下确定各特性的决定因素，也就不能阐明各特性之间的相互关系。

　　对于无标度网络的成因和演化机制，存在着多种多样的解释。但这些解释各有优缺点，而且大多数模型将演化机制和成因绑定为一体，常常不进行严格区分。

1. 偏好连接增长模型

　　科学社会学泰斗 Merton 发现科学文献的引文网络满足幂律分布，并提出马太效应(或者说"累积优势")可以作为其机制解释[88, 112]。1999 年 Albert 和 Barabási 重新发现 Web 链接网络的度分布满足幂律分布[1]，在此之后，复杂网络的研究得以快速发展。对于 Web 链接网络的度分布，Barabási 和 Albert 提出了偏好连接增长模型进行解释，该模型认为每一个网络都是演化的结果，网络有初始的种子节点，新的节点按照线性偏好原则逐个连接到已有的节点[1]，从而网络的度分布服从幂律分布。

　　该模型实质上为：随着网络的演化，在"初始网络中节点的度存在微小的差异"这一成因以及偏好连接增长的演化机制下，差异逐渐放大，从而诸节点的度变得极端不均匀，网络呈现出无标度的特征。

　　偏好连接增长模型和"自组织临界"[113]"累积优势"理论类似，均基于正反馈机制。BA 模型还存在一些不足，如全局信息假设[44]、线性偏好连接假设、基于时间累积假设[114]等。

　　此外，无标度网络的 BA 模型和无标度网络"鲁棒性与脆弱性并存"这一结论间存在难以解释的地方。

　　Barabási 等认为无标度网络是演化的产物，并用偏好连接增长模型进行刻画；同时，Albert 等又提出无标度网络"鲁棒性与脆弱性并存 (robust yet fragile)"[52]，即在随机攻击下鲁棒，在选择性攻击下脆弱。这就是说，一方面，诸节点基于偏好而优先链接到度大的节点上；另一方面，诸节点的这一偏好连接行为又带来了系统整体的脆弱性。由演化理论[115]可知：演化更偏爱稳定鲁棒的模式，稳定鲁棒的模式持续更久，也会更常见；在自然状态下演化出脆弱的系统难以解释。

　　针对 BA 模型与抗攻击性理论的冲突，我们对此进行了深入研究，提出了代价攻击理论,并得出结论:考虑攻击代价的情形下,则无标度网络在选择性攻击下可能是鲁棒的,甚至是最鲁棒的 [104]。以军事系统为例,在军事系统中也有无标度网络 [116, 117],假设无标度网络的确"在选择性攻击下脆弱",那么这样的网络难以承担战斗任务,因为军事学中常用的是"擒贼先擒王"的选择性攻击策略;军事系统中攻击指挥中心比消灭作战单位要困难得多,承受的代价要大得多。代价不同正是军事网络这种无标度网络结构得以幸存的原因。

2. 随机行走演化机制

BA 模型中隐含了全局信息假设,即每一个新节点都必须知道关于整个网络的所有的信息,但大多数个体在演化中很难得到全局信息。为了克服 BA 模型的全局信息假设,受引文网启发,Vázquez 提出了网络随机行走演化机制 [44],其主要思想为:研究人员写论文时,通常只知道领域内的几篇文献,然而在这几篇已知文献的基础上,查找领域内的其他文献,在新查找到的文献基础上再进一步查找,即当新节点加入到网络时,随机选取一老节点相连,再以一定的概率连接此节点的邻居。

虽然该模型没有明确包含线性偏好连接规则,但隐含了偏好线性连接。因此,该机制可以看成近似等价于偏好连接增长机制。

3. 基于空间维度的隐含控制树模型

郑波尽等 [27, 114] 在研究 Web 链接网络时发现,为了符合人的认知规律,Web 网页常常用树形结构组织起来,因而在增进用户体验的目的下,网页中存在大量回溯链接。依据这些基本事实,郑波尽等在遗传算法之父 Holland 的隐秩序思想 [39] 的影响下提出了隐含控制树模型 [27],通过理论证明了在隐含控制树模型下可以得到无标度的网络,并在计算机上进行了仿真,仿真结果证实了理论分析的结果。

隐含控制树模型克服了偏好连接增长模型的几个缺点,表现出了"偏好连接"的现象 [27]。该模型基于空间维度而独立于时间维度,也就是说,无标度网络的演化可以完全并行化,无须网络增长,当然也无须初始网络,更不需要网络初始节点有差异。

但是,该模型还需要阐明隐含控制树的本原。

4. 国内外其他相关研究

国外有相当多的研究者做出了相关研究。例如,为了从实证角度研究无标度网络是否存在偏好连接机制,Adamic 和 Huberman 研究了 Web 链接网络和演员合作网络的度分布,根据网站的注册时间信息和演员合作网的时间信息的实际数据 (从时间维度的角度看),发现年龄与节点度之间的关联性不强,与 BA 模型的预言不一致 [6],而 Barabási 等则认为从平均的角度上,年龄与节点度之间存在关联性 [5]。为了解释为何年龄和节点度可以不相关,Bianconi 和 Barabási 又提出了 BA

模型的扩展，在 BA 模型基础上，把节点度和适应度相结合，即增加了一个竞争机制，并得出 BB 模型 [40]。

国内科学工作者也做了大量的研究以解释无标度网络的成因和演化机制。例如，李翔和陈关荣提出了局域世界模型，认为每个节点都有各自的局域世界，用于刻画真实网络生长时新结点的演化过程 [46]。方锦清和李永以非线性动态复杂网络系统为对象，引入"确定性择优"的思想，提出统一混合理论模型 [49]。章忠志和荣莉莉提出了 BA 网络的一个等价模型，以均匀连接代替 BA 模型中的偏好连接过程，提高了网络生成效率 [50]。汪秉宏等做出了系统研究 [118]。

上述的解释以及 Kleinberg 的拷贝模型等 [76] 都是基于 BA 模型或者类似于 BA 模型。实际上，还存在另外的解释无标度网络起源的理论和模型。近期最值得注意的进展是基于最优化思想的理论和模型。

5. 基于最优化的模型和解释

用最优化来解释无标度属性的思想可以追溯到 1960 年 [119]，然而，广为引起注意则是十几年前的事情。1999 年，为了解释复杂系统 (复杂网络是复杂系统的一个子领域)，特别是设计产生的系统 (designed systems) 中的幂律现象，Carlson 和 Doyle 提出了 HOT(highly optimized tolerance) 理论 [101, 102]。该理论认为：设计产生的系统中的幂律行为归因于产出、资源代价以及风险容忍之间的折中 (trade-off)；并以此理论为依据，解释了互联网的鲁棒性 [95, 100]。HOT 理论从数学上看实质上是一种多目标优化问题的变形形态。

2012 年 Papadopoulos 等提出 [120]，在增长网络中，当在受欢迎性和相似性这两个优化目标之间进行折中，所演化生成的网络是无标度的，并且偏好连接规则能涌现出来。Barabási 对此发表评论说 [119]："该文章重新点燃了关于偏好连接之起源的争论，即偏好连接究竟起源于随机，还是起源于优化""(现在) 天平开始偏向优化一侧"。从原理上看，Papadopoulos 等的工作展示了将偏好连接作为一个特殊形式吸收进优化解释的可能性，从而开辟了新的研究无标度网络起源的道路。

郑波尽等在 2011 年提出了一种用多目标优化来建模无标度网络的方法。该方法将无标度网络建模成一个带约束的二目标优化问题，即最大化边度，最小化节点数且满足一定约束。理论分析和实验都验证了该模型能得到无标度网络，并能解释小世界、分形等其他特性。本模型仅使用三个最基本最常用的复杂网络度量值，即得到大多数常见的网络类型，喻示了复杂网络理论内部丰富的信息。

8.1.2　小世界网络及演化机制

所谓小世界效应，即网络的直径远远小于规则网络的直径，并且聚集系数较高。该效应在很多现实网络中都得到证实。为了解释该效应，Watts 和 Strogatz 提出了 WS 模型 [2]。WS 模型认为：小世界网络是随机网络和规则网络之间的过渡形态。WS 模型为一个增边模型，即逐步增加网络中的连边。后来，Boccaletti 等一起提出了基于逐步减边策略的模型，常称为 NW 模型 [121]。其他人也提出了相应的解释模型。

很多现实世界同时具有无标度属性和小世界效应 [122]。国内方锦清等的混合择优模型能生成兼具小世界和无标度特性的网络，可解释这种网络。

8.1.3　社区结构网络及演化机制

具有社区结构的网络，即社区网络 [12, 110, 123]，体现了中国的谚语："物以类聚，人以群分"；在这些网络中，节点所代表的个体因为兴趣、亲和力和地域等的相似性而聚集成团，使得社区内的连边紧密，而社区间的连边稀疏。

现实中的有些网络既是社区网络，又是无标度网络，这样的网络称为社区无标度网络，然而相关模型研究较少。目前，最常用的生成算法是组合法 [104]，即首先使用某种方法，如 BA 模型、CSF 模型，生成多个独立的且相同大小的无标度网络，再随机在这些网络中加一些边，将这些网络连成一个整体。这样，就得到了社区无标度网络。然而，该方法在理论上有些勉强：现实世界中的社区无标度网络中的各社区很少是同等大小的。

8.1.4　分形网络及演化机制

宋朝鸣等对分形网络进行的研究 [13, 14] 受到了广泛的关注。宋朝鸣等将几何中的盒子计数法推广到了复杂网络中，通过对网络进行粗粒化的重整化，证明有些网络具有无标度性 (度分布在重正化下的标度不变性) 以及和自相似性 (覆盖整个网络所需要盒子的数量，与盒子大小呈幂律关系)。

宋朝鸣对复杂网络中分形产生的起源进行了分析 [14]，并推断分形的产生是由于 Hub 节点之间的相互排斥，即 Hub 节点倾向于连接到度数较小的节点。也就是说：这种优先连接到度数更小的节点生成了鲁棒性更强的分形拓扑。

8.2　最优化理论与复杂网络演化机制

最优化理论源于古老的极值问题。在 1947 年单纯形法被提出以后，该领域得到蓬勃发展。目前，已经发展出了整数规划、动态规划、多目标优化等诸多分支。在算法方面，发展出了共轭梯度法、拟牛顿法等经典方法。20 世纪 80 年代以后，智能优化领域得到发展，逐渐成为一类重要的求解优化问题的方法，如模拟退火算法、演化算法、人工神经网络等。

一方面，优化在生产生活中既常见又重要。目前，优化已经被广泛应用到各种领域。例如,工业生产中常需要最小化成本、最大化产出等。这样的问题中模型的变量常常较多,也可能存在多个相互冲突的优化目标 (多目标优化),且约束也比较严格,求解的过程常常比较困难。因而,学者提出了各种各样的传统优化算法和智能优化算法进行求解。

另一方面,优化也应用在科学探索过程中。例如,物理学上的最小自由能原理在智能优化领域常常被用于设计算法 [124]。近期,优化还被应用于复杂网络 [120] 以及天文学上的建模 [32]。

2012 年*Nature* 杂志刊发了 Papadopoulos 的论文*Popularity versus similarity in growing networks*[120] 及 Barabási 的评论*Network science: Luck or reason*[119]。文章指出:优化或者称最优化可以解释无标度的起源,即受欢迎性和相似性这两个优化目标的折中可以演化产生无标度网络,并且 BA 模型是该优化模型的特例;本书进一步认为,优化不仅可以解释无标度特性的起源,而且可以用于解释其他特性,甚至是这些特性的组合的起源;或者说,复杂网络诸特性的建模问题均可以归结为最优化问题,而求解最优化问题的过程就是复杂网络演化生成的过程。

将最优化理论应用到复杂网络建模,即从最优化的角度解释复杂网络的各种特性,可以确定各种特性的决定因素,推动复杂网络各种特性的深入理解,为复杂网络的研究带来新观点和新结论,澄清各种特性之间的复杂关系。从智能计算的角度看,也将推进相应的智能算法设计研究。

Papadopoulos 等的文章和 Barabási 的观点表明:BA 模型可以作为优化模型的特例,优化可以解释无标度属性的起源。注意到这样一个事实:现实网络常常具有多个特性,对于一个网络,其起源不应当使用多个迥异的模型分别地进行解释,也就是说,对于无标度属性以外的其他特性,必须同样地通过优化模型加以解释。然而,目前少见有人报道无标度属性以外的诸特性的优化解释。

由上可知,基于最优化理论来研究复杂网络的建模问题成为研究方向上的一个关键节点,也是当前研究的重点和重要研究方向,正如 Barabási 在*Nature* 上所发表的观点。

如果复杂网络诸特性均能在优化的框架下得到解释,那么各种特性的决定因素就能在统一的框架下得到确认,从而已有各类型复杂网络的知识就能够被统一起来,加深人们对于复杂网络的理解,进而加深对于 Internet、社会网络、基因调控网络等的理解。

8.3　双优模型

如前面所述,研究者已经发现了很多类型的复杂网络,如无标度网络 [12]、小世界网络 [2, 11, 4]、社区结构网络 [12]、分形网络 [13, 14]。这些网络能够很有效地刻画各种生物、社会和技术系统 [25, 74, 96, 97]。

研究者也提出了数以百计的模型来解释网络的起源。

不过，网络类型之间的关系仍然是不清楚的。此外，由于网络类型很多 [11, 14, 35, 59, 121, 125, 126]，人们有理由相信众多类型不存在一个简单的统一的解释，也就是说，不同类型的网络起源于不同的机制；当一个网络具备多个特征的时候，一定存在组装机制，该机制能够将每个特征的机制集合在一起，于是网络之间的关系错综复杂，也纠葛不清。

令人惊讶的是，通过使用三个常用的度量，即最短平均路径长度、节点的度、边的度，我们能够生成一个简单的模型，这个模型能够产生多种特征，如随机分布、规则结构、无标度、小世界、超小世界、紧致、分形和 Delta 分布。此外，通过做一个小修改，这个模型还能够产生社区结构网络。这样的结果表明，我们能够通过将这个模型作为一个框架，阐明复杂网络各种特征之间的关系。

总体而言，基于当前的知识，复杂网络能够被划分成很多类型，如随机分布、规则结构、无标度、小世界、超小世界、社区结构、紧致、分形和 Delta 分布等。不过，这些网络之间的关系只有小部分得到了研究。一些网络的起源还没有得到阐明。因此，关于网络类型的导航地图是很有必要的，只有这样才能弄清楚复杂网络的内在关系。换句话说，也只有当所有关联的网络的起源被阐明以后，这样一个地图才能被发展出来。

8.3.1　方法

一个网络或者图就是节点和节点之间链边的集合。对于节点，度是基本的度量指标。对于边，可以扩展出边度的概念，边度的概念有很多种定义方式。而对于整个网络，平均最短路径长度被广泛使用。有时候，直径 (diameter) 也是一个常用指标 [53]。直径和平均最短路径长度有相关性，平均最短路径较长的网络往往直径较大，直径较大的往往平均最短路径较长。节点的度、边的度以及平均最短路径长度可以说是最常用的三个度量指标。

本书通过这三个度量指标建立了一个多目标优化模型，发现大量类型的复杂网络都可以由这个模型生成。

8.3.2　模型介绍

模型需要使用到边度，这里对边度进行定义。

从图的定义看，每个边连接两个节点。因此，边的度量常常取两个节点的度量的函数。在这里，我们将边度定义为两个节点的度的幂函数的积，如图 8.1 所示。

在最简单的情形下，度的幂函数的指数为 0，此时边度值恒为 1，与两个节点的度值无关，如图 8.1(a) 所示。边度也可以定义为与自己的度无关，而只与邻居有关。此时，对于同一条边，由于其具有两个节点，对于不同的节点，其边度是不同的，如图 8.1(b) 所示。边度也可以定义为邻居的度与节点自身的度的乘积，如图 8.1(c) 所示。以上定义的一般模式则是节点的度的幂函数的乘积，如图 8.1(d) 所示。以前的定义都是 a 和 b 在不同取值情形下的特例。

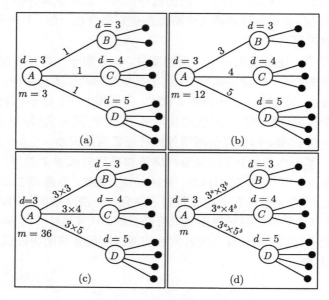

图 8.1　边度的定义

基于上述的边度的定义，可以将模型表述如下。

一个连通的无向网络倾向于在一定的平均最短路径长度的情形下最小化节点度的和并且最大化边度的和。

也就是说，每一个网络都是演化着的，在平均最短路径的约束下朝两个目标进行优化。

在数学上，模型能够被表示为

$$
\begin{cases}
\min F_1(A) = \sum_{i=1}^{N} x_i(A) \\
\max F_2(A) = \sum_{i=1}^{N} \sum_{j=1}^{N} [x_i(A)]^a [x_j(A)]^b \, \delta_{ij}(A)
\end{cases}
\tag{8.1}
$$

subject to

$(y - c)^2 = 0$

$N > x_i(A) \geqslant x\mathrm{min}$

其中，x_i 是网络中节点 i 的度；y 是平均最短路径长度；c/xmin$/a/b/N$ 是非负的常量；$x$min 是网络中节点的最小的度；函数 δ_{ij} 表示节点 i 和节点 j 之间是否存在链接，如果存在链接，值为 1，否则，值为 0。

从数学的观点来看，本小节所提出的模型是一个带约束的二目标优化问题。所提出的模型有可行的网络解集，并且每一个最优解就是所希望得到的结果网络。

对于单目标优化问题，最优解的概念是很容易理解的。如果一个解有最大的函数值 (对最大值函数而言) 或最小的函数值 (对最小值函数而言)，那么它就是最优的解。然而，二目标或多目标优化问题并非如此。通常地，某一个解对一个目标而言是最好的，对另外一个目标则可能非常差。因此，在多目标优化中，最优解的概念必须被扩展。

最简单的办法是定义 "最优解" 为 "没有一个解比这个 (些) 解更好"。对于单目标优化问题，概念的含义和以前的相同。对于多目标优化问题，这一概念则导致多个最优解 (最优解集合) 出现。在最优解集合里面，没有任何一个可行解能够在所有的目标上都比集合中的一个元素占优，因此这个集合也被称为非占优集合，他们的函数值会形成一个最优的曲线 (曲面)，也被称为 "Pareto" 前沿。Pareto 前沿的概念由 Jeffrey[71] 提出以纪念经济学家 Pareto[127]。顺便说一下，Pareto 也发现了 Pareto Law，也就是二八定律，财富分布中的幂律分布现象。

对于任给的参数设置，所提出的模型都会有 Pareto 前沿。不过，对于所有的 Pareto 解集，全连通网络总是集合中的一个成员。当解释全连通网络时，F_1 会获得最大值，此时 F_2 也会获得最大值。没有一个解在第二个目标上能够比 F_2 的最大值还大，因此没有一个解能够占优全连通网络。

此外，当 F_1 取最小值的时候，所获得的网络依赖于平均最短路径长度。当平均最短路径长度是最小值的时候，网络的拓扑是一个星型网络或者说是一个 Delta 分布的网络。当平均最短路径长度是最大值的时候，拓扑称为一个线性的规则网络。也就是说，当 F_1 取极端值的时候，模型的解构成了 Pareto 前沿的极端点。此时，网络很少表现出随机性，因此网络的特征意义不大。最吸引人的是 Pareto 前沿的中间部分，此时网络也展现出了最大的随机性。

8.4 理论分析结果

不同的参数情形下，模型所获得的网络会展现出不同的特征，从而表现为不同的类型。因为不同的类型来源于同一个模型，因此类型能够共享同样的起源，他们之间的关系也因此被确定。

8.4.1　网络的类型

研究者已经发现了很多网络的类型。这里,我们讨论几个最常见的类型,如无标度、小世界、超小世界、分形、社区结构、紧致、Delta 分布、随机和规则网络。我们将理论性地展示这些常见的网络都能够由上面的简单模型产生。由于网络的类型并没有严格定义且网络展示出随机性,在理论分析中,参数还不能被严格地限定。

1. 无标度网络

无标度网络中最流行的理论性描述是 BA 模型 [1]。在这里,如果我们将节点的度看成一个随机变量,本模型就能够产生无标度网络。显然地,一些无标度网络在 Pareto 前沿上,但另外的一些不是。这里,我们展示本模型可以产生在 Pareto 前沿上的无标度网络,称为极优无标度网络。

这里,我们将 x_i 视为每一个解中随机变量 X 的采样。因为采样是独立同分布的,基于拉格朗日松弛方法 [128],式 (8.1) 能够被重新写为

$$
\begin{cases}
\min f_1(x_i) = x_i + \theta(y-c)^2 \\[2mm]
\min f_2(x_i) = \left(\displaystyle\sum_{j=1}^{N} x_i^a x_j^b \delta_{ij}\right)^{-1} + \theta(y-c)^2
\end{cases}
\tag{8.2}
$$
$$
\text{s.t. } N > x_i \geqslant x\min
$$

其中,θ 是一个任意的实数值。

我们使用 x_i 来近似 x_j,所以 f_2 能够被进一步改写成等式 (8.3)。

$$
f_2(x_i) \cong x_i^{-(1+a+b)} + \theta(y-c)^2
\tag{8.3}
$$

式 (8.3) 有一个 Pareto 前沿的解析解 [129],其解为式 (8.4),其成立条件为 $y = c$,且随机变量 X 能够被看成一个函数,即 c 值并不通过网络结构的合法性来约束随机变量 X。

$$
f_2(x_i) = (x_i)^{-(1+a+b)}
\tag{8.4}
$$

因为 f_2 是一个被定义在样本空间中的函数,所以我们得到式 (8.5)。

$$
P(X) = C(X)^{-(1+a+b)}
\tag{8.5}
$$

其中,C 是一个常量,用来对 $P(X)$ 进行归一化,C 满足式 (8.6)。

$$C = \frac{1}{\sum\limits_{X=1}^{N-1} (X)^{-(1+a+b)}} \tag{8.6}$$

式 (8.5) 表明在一定的条件下，即 $a \neq 0$ 或者 $b \neq 0$ 并且 c 并不约束 X 的分布的情形下，我们称为合适的条件，那么所得到的网络是无标度网络，并且度分布的指数服从式 (8.7)。

$$\gamma = 1 + a + b \tag{8.7}$$

根据极优无标度网络的定义，所有的极优无标度网络都是模型的最好解。

考虑并非极优的无标度网络，当 F_1 固定时，F_2 并不取最优值，也就是说，重要节点并不链接在一起。当重要节点能够划分为两个或更多个群体时，网络就会被称为社区结构的网络。实际上，并非极优的无标度网络就是社区结构的网络或者极优无标度网络和社区结构网络之间的过渡形态。

2. 社区结构的网络

当将这个模型做一个小改动以后，社区无标度网络也能够被描述。也就是说，在改动以后，社区无标度网络是新模型的解。

在现实世界中，社区结构经常与长距离密切相关，如几何距离、文化距离或者认知距离等。将距离考虑进模型，修改后的模型能够产生典型的具有社区结构的网络。我们假定有两个社区，社区成员的编号用奇偶来区分。即奇数成员属于第一个社区，偶数成员属于第二个社区，这样我们能够重写网络的平均距离为式 (8.8)。

$$y' = \sum_{i\%u \neq j\%u} \eta \delta_{ij} + y \tag{8.8}$$

其中，η 是距离的惩罚因子；u 社区的个数；% 是模函数；当只有两个社区时，$u = 2$。

相应地，我们定义平均距离常数为式 (8.9)。

$$c' = \Delta + c \tag{8.9}$$

其中，c 仍然是拓扑距离；Δ 代表了另外的距离。

由此，社区结构网络的模型能够重新写作式 (8.10)。

$$\begin{cases} \min F_1'(A) = \sum_{i=1}^{N} x_i \\ \max F_2'(A) = \sum_{i=1}^{N} \sum_{i=1}^{N} x_i{}^a x_j{}^b \delta_{ij} \end{cases} \tag{8.10}$$

subject to

$y' = c'$

$N > x_i \geqslant x\min$

使用和式 (8.1) 相似的结构，可以将社区结构网络的模型写成式 (8.11)。

$$
\begin{cases}
\min F_1'(A) = \displaystyle\sum_{i=1}^{N} x_i \\[2mm]
\max F_2'(A) = \displaystyle\sum_{i=1}^{N}\sum_{i=1}^{N} x_i^a x_j^b \delta_{ij}
\end{cases}
\tag{8.11}
$$

subject to

$$ y' = c' $$

$$ N > x_i \geqslant x\mathrm{min} $$

由于社区结构网络的等式和式 (8.1) 类似，因此我们能够容易地证明修改后的形式能够产生社区无标度网络。另外，社区结构网络的模型预先定义了社区个数，因此最终优化出来的网络拓扑的社区个数会被限定下来。当需要更多社区时，需要定义一系列的距离值。

社区结构的无标度网络是非极优无标度网络，这一点很容易证明。假如有两个一样的社区仅由一条边链接在一起，当在 1 号社区里的一些边被移动到 2 号社区，整个网络的 F_2 会增加，此时 2 号社区的平均最短路径长度会减少，但由于 1 号社区失去了边，导致平均最短路径长度会增加，在一定的情形下，此消彼长相当，从而整个网络的评价最短路径长度不变。也就是说，我们能够在获得较大的 F_2 值的情形下，保持 c 不变。因此，社区结构的无标度网络存在更优的解，也就是说，社区结构的无标度网络并非极优。

另外，要产生其他非极优无标度网络，需要加入更多的约束。

3. 紧致网络和 Delta 分布的网络

依据式 (8.1)，网络的平均最短路径长度是一个硬约束，所以常量 c 能够约束结果网络的形式。当 c 并不约束网络的形式时，我们说 c 是合适的。

合适的 c 依赖于常量 $x\mathrm{min}$。从幂律分布的连续版本 (式 (8.12)) 来看，当 γ 被确定，X 的概率依赖于常量 $x\mathrm{min}$，可以得出当 $x\mathrm{min}$ 值增加时，合适的 c 值下降。

$$
p(X) = \frac{\gamma - 1}{x\,\mathrm{min}} \left(\frac{X}{x\,\mathrm{min}} \right)^{-\gamma}
\tag{8.12}
$$

根据 F_2 的定义，当一些 Hub 节点链接到另外的 Hub 节点时，F_2 才能最大化。当 F_2 是最大化时，假如 c 是合适的，因为 Hub 节点倾向于链接在一起，所以模型解得的网络将有且仅有一个中心。因为 Hub 节点有链接到 Hub 节点的偏好，因此模型解得的网络是层次的，或是洋葱结构的 [109, 130]。在这样的网络中，Hub 节点倾向于形成一个交联在一起的核心，并且节点的度越小，离中心也越远。

当 c 下降，迫使度分布远离幂律形式时，Hub 节点会收集更多的边直到网络最后变成星形或 Delta 分布的网络。

4. 分形网络

无标度网络的度分布满足 $p(k) \sim k^{-\gamma}$。依据自相似的定义，即对象的整体完全地或近似地相似于对象的部分，我们可知，无标度网络在度的概率上能够被看成自相似，也就是说，展现出了概率自相似，我们可以将 $p(k)$ 看成一个函数。分形网络，则展现的是结构上的自相似性。结构上的自相似性比概率上的自相似性要严格。

如宋朝鸣等所指出的，一个分形网络应展现出节点数目和直径之间的幂律关系。这一关系如式 (8.13) 所示。

$$c \sim N^{1/l} \quad (l > 1) \tag{8.13}$$

在一般的网络中，直径和平均最短路径长度之间存在着很强的相关关系，这里，我们用平均最短路径长度近似直径。

如式 (8.13) 显示，直径 (近似于平均最短路径长度) 应当是非常大的。实际上，因为 c 依赖于 $x\min$，网络的平均最短路径长度将随着 $x\min$ 的变化而变化。当 $x\min$ 增加时，分形网络的 c 能够比 N 充分小时的 $\ln(N)$ 还小。这里，N，$x\min$，c 和 l 的量化关系还需要进一步研究。

在本章的模型中，因为 c 取值范围从常数 1 一直到 $N - 1$，分形网络的 c 值定然在其中。当 c 处于分形网络直径取值的范围时，无标度网络将被拉长。也就是说，一个较大的 c 值能够迫使一个节点远离网络的中心，导致较高度的节点渐次链接到较低度的节点，因此导致了结构上的分析。

5. 小世界网络和超小世界网络

小世界效应展示了一个清晰的特征：平均最短路径长度近似于 $\ln(N)$，此外，网络具有较大的聚集系数 [2]。这一特性在小世界效应的讨论中较少被关注。这里，我们主要讨论平均最短路径长度这一特征。

通过小世界效应的定义，当 $c \simeq \ln(N)$，所获得的网络具有小世界效应。而当 $c \simeq \ln(\ln(N))$ 时，所获得网络的超小世界的特性就显现出来了。

进一步地，当 $c \simeq \ln(N)$ 不变时，网络的特性有可能也会改变。例如，当 $x\min$ 改变时，所获得的网络尽管还是小世界网络，但是还可以具有其他的特性，如可能是紧致网络，也可能是社区结构的网络或者是分形网络。

6. 随机网络

当 $a = b = 0$，F_2 归约到 F_1。因为 F_1 应当被最小化，同时 F_2 应当被最大化，因此最小化的 F_1 将完全地和最大化的 F_2 相冲突。这就导致每一个解都属于 Pareto 前沿。因此，若 c 并不约束 X 的分布，模型解得的网络是随机的。

当 c 较小且接近于 1，所获得的网络的度分布就近似于 Delta 分布。

当 c 较大，一些节点被迫远离致密的中心，这样就导致度分布展现出幂律分布。这个结果可能暗示随机性和类似 Zipf's 分布之间存在联系，需要进一步研究 [91]。

总之，基于所提出的模型，无标度网络扮演了一种重要的角色。无标度网络能够划分成两类：极优无标度网络和非极优无标度网络。极优无标度网络包含超小世界网络、小世界网络、紧致网络、分形网络等，这些网络的类型由最短平均距离的约束决定。在极优无标度网络之外，在 Pareto 前沿上，还存在 Delta 分布的网络和规则网络。至于非极优无标度网络，则是社区结构的网络和在社区结构网络和紧致无标度网络之间的过渡形式网络。此外，无标度网络能够按指数划分，当指数大于 1 时，网络是无标度的，而当等于 1 时，本质上是随机的。

8.4.2 实验仿真

在理论性地分析了模型能够产生的网络类型之后，我们来讨论仿真结果。

1. 优化算法的思想

为了解决这个二目标优化问题，本书使用了多目标优化算法。因为 F_1 是离散的，所以柱状图方法成为一个可行的转换该问题到单目标问题的方法 [131]，也就是说，首先固定 F_1，仅优化 F_2。然后，为了优化 F_2，我们采用贪婪算法，也就是说，我们随机生成一个网络，接着不停地随机修改一条边，如果得到的新网络比以前的网络好 (获得更好的 F_2 值，并且更接近指定的平均最短路径长度)，我们就接受这个改变，否则，就拒绝这个改变。

算法的难度之一在于本算法需要处理其中的随机变量问题。对于随机变量，一种方法是置之不理，直接使用优化方法计算出最终的网络拓扑。在这种情况下，当约束不强烈的时候，可以得到比较好的结果；然而，当约束强烈的时候，随机变量的独立同分布的前提假设就会被打破，此时，得到的网络拓扑的度分布会偏离理论结果。为了确保随机变量的独立同分布条件，我们使用了导向向量方法，即将网络的度分布包裹保护起来，使得约束和优化过程对随机变量的影响降低。

根据理论分析的结果，我们利用一个满足幂律分布的序列 (stP) 作为标准，然后，令优化时所得到的网络的度分布向量 P 尽可能接近该向量。由此，优化方程可以写为

$$\begin{cases} \min F_1''(A) = \sum_{i=1}^{N} x_i + \theta(y-c)^2 + \psi\,|stP - P| \\ \max\ F_2''(A) = \sum_{i=1}^{N}\sum_{i=1}^{N} x_i^a x_j^b \delta_{ij} + \theta(y-c)^2 + \psi\,|stP - P| \end{cases} \tag{8.14}$$

subject to

$$N > x_i \geqslant x\mathrm{min}$$

其中，ψ 是一个远小于 θ 的常量，设置该常量较小的原因是令优化过程中平均最短路径长度的约束力量远远强于分布的力量。

在加入了导向向量以后，可以通过拉格朗日松弛方法，将优化目标改写成单目标形式，即

$$\min\ g(A) = \sum_{i=1}^{N} x_i^{-(a+b+1)} + \theta(y-c)^2 + \psi\,|stP - P| \tag{8.15}$$
$$N > x_i \geqslant x\mathrm{min}$$

根据幂律分布的等式，考虑到具体的网络拓扑必然有最大的度值，我们能够计算出在不同的 $x\mathrm{min}$ 情形下的边的数目。将边的数目作为一个参数值输入到程序中后，程序能够随机生成一个网络拓扑，然后，利用优化算法求得满意解即可。

优化算法的法伪代码如下所示。

1. Initialise the number of edges and the network A
2. Compute g(A) and let $B = A$
3. Do loop
4. Choose one edge at random from B
5. If the edge is valid to delete, then delete it
6. Otherwise, go to 3
7. Choose two nodes without a link between them from B;
    then, add a link
8. Compute g(B)
9. If g(B) < g(A), then let $A = B$
10. Until the terminal conditions are satisfied

基于上面的方法，我们使用不同的参数获得了各种网络。因为优化算法是一个随机算法，我们对每一个参数执行 20 次，检验算法的效果。因为所有的相同参数产生了类似的结果，我们在这里仅将第一次运行的结果展示出来。

2. 典型网络拓扑的对比

通过理论分析，模型解得的网络所具有的度分布指数依赖于 a 和 b 的取值。

因此，我们设计了 3 类实验，分别为 $a=0$ 且 $b=0$，$a=0$ 且 $b=1$，$a=1$ 且 $b=1$。因为 $x\min$ 和 c 值相关，我们为每类实验设计了 3 个子类的实验，即设置 $x\min=1$、2、3。对于每一个子类，我们探索了各个 c 值。由于仿真算法是一个迭代算法且平均最短路径长度需要较高的时间复杂度，我们将 N 设置为 300 以节约计算开销。

这里，我们选择了 6 个典型网络展示出来用以相互比较，其参数为 $\gamma=2(a=0, b=1)$。网络的参数和结果在表 8.1 中进行介绍，模型解得网络的拓扑在图 8.2 中介绍。

表 8.1　优化模型得出的部分实验网络的参数和结果

序号	E	c	$x\min$	γ	y
(a)	762	3.9	2	2.10	3.9
(b)	762	5.5	2	2.11	5.5
(c)	762	7	2	2.13	7
(d)	1157	3.1	3	2.16	3.1
(e)	1157	4.5	3	2.19	4.5
(f)	1157	5.0	3	2.28	5.0

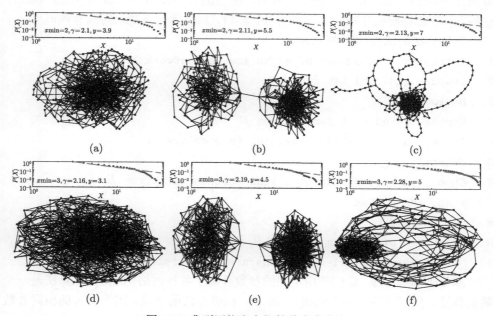

图 8.2　典型网络和它们的节点度分布

在表 8.1 中，E 是被固定的 F_1 的值，γ 是模型解得的网络的度分布幂指数，y 是实际的平均最短路径长度。

　　在图 8.2 中, 每个子图上部的框子里显示网络的节点度分布, 使用的是 log-log 坐标系统, 子图下部是模型解得网络的拓扑。图 8.2 (a) 显示的网络是一个紧致网络, 其 c 值小于 $\ln(N)$。图 8.2(b) 显示的是一个具有两个同等大小社区的网络。图 8.2(c) 显示了一个漂亮的分形网络。图 8.2(d) 显示的是一个紧致网络, 但具有更多的边。图 8.2(e) 显示的也是一个社区结构的网络, 但具有更多的边。图 8.2(f) 显示的是一个分形网络。

　　图 8.2 显示了典型的紧致、社区结构和分形网络。按行显示的子图显示了 c 值的影响。当 c 增加, 网络类型从紧致网络逐步变成分析网络。按列显示的子图显示了 $x\min$ 的影响。当 $x\min$ 增加时, 同类型网络的平均最低路径减少。

　　表 8.1 和图 8.2 显示了模型解得的网络很好地适应了幂律分布。表格中, 网络的幂指数和平均最短距离都很接近期望值。

　　此外, 我们观察到社区结构的网络展示出了 c 具有很宽的取值范围, 其原因在于, 社区能够改变他们之间的连接以适应拓扑距离长度的变化。当 c 较小时, 链接倾向于连接到社区中心节点; 而当 c 较大时, 则倾向连接到两个不同社区的边缘节点。对于分形网络, 当 c 达到某一个值时, 网络就被拉伸; 当 c 继续增加时, 网络首先显示很多的环, 接着变成线性的, 线性的顶端都一个头, 里面有浓密的节点和边。

　　总之, 这个模型生成了多种类型的网络, 包括小世界、超小世界、无标度、社区结构、紧致网络等。模型解得的网络的一些类型强烈地依赖于平均最短距离长度 c 的取值。不过, 因为各种网络的类型没有精确的定义, 我们仅能确认相对的关系。

3. 各参数条件下的网络拓扑和统计参数

　　我们又设置了 24 组参数来展示实际的网络。对于每组参数, 算法执行 10 次。由于实验结果鲁棒性很好, 我们仅显示第一次实验所得到的网拓扑, 如图 8.3—图 8.26。

　　在所有的实验中, 我们设置 $\eta = 10$ 及 $\theta = 10$。当获取 Delta 分布的网络时, 我们设置 $\psi = 10^{-7}$; 当获取随机网络时, 设置 $\psi = 0$; 在另外的情形下, 设置 $\psi = 10^{-5}$。

　　对于不同的参数设置, 边的数目是不同的, 根据理论计算, 我们将得到的边的数目列入表 8.2。

　　对于 $\gamma = 1$ 时的实验, 其边的数目采用了一个估计值。

　　下面的图显示了不同 γ 情形下的结果。每一张图由两部分组成, 上面的方框展示了图分布以及其拟合结果, 给出了 $x\min$、y、γ。为了减少噪声, 上面方框中的拟合线使用 log-bins 方法绘制。因为度分布的信息可能在箱子化 (bining) 的过程中丧失, 所以拟合的结果 ($x\min$, y, γ) 来自于原始的分布 (图 8.3~ 图 8.26)。

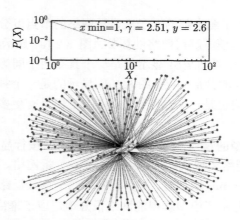

图 8.3　一个 Delta 分布网络 $(x\min = 1, a = 0, b = 1, c = 2.6)$

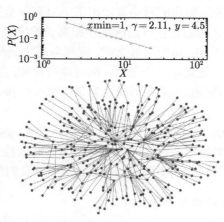

图 8.4　一个紧致网络 $(x\min = 1, a = 0, b = 1, c = 4.5)$

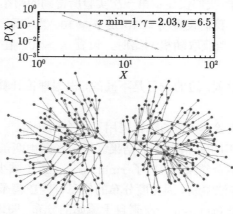

图 8.5　一个社区结构网络 $(x\min = 1, a = 0, b = 1, c = 6.5)$

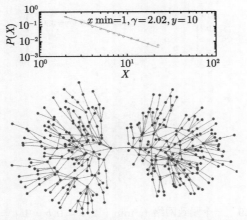

图 8.6 一个分形网络 ($x \min = 1, a = 0, b = 1, c = 10$)

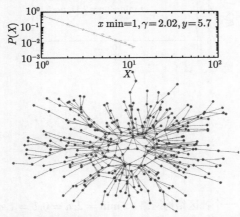

图 8.7 一个小世界网络 ($x \min = 1, a = 0, b = 1, c = \log(N)$)

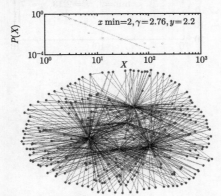

图 8.8 一个 Delta 分布网络 ($x \min = 2, a = 0, b = 1, c = 2.2$)

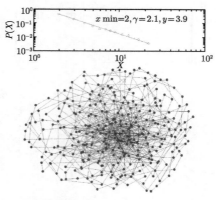

图 8.9　一个紧致网络 $(x\min = 2, a = 0, b = 1, c = 3.9)$

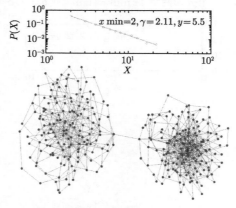

图 8.10　一个社区结构网络 $(x\min = 2, a = 0, b = 1, c = 5.5)$

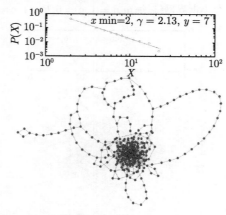

图 8.11　一个分形网络 $(x\min = 2, a = 0, b = 1, c = 7)$

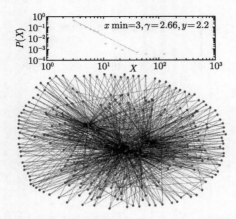

图 8.12　一个 Delta 分布网络 $(x\min = 3, a = 0, b = 1, c = 2.2)$

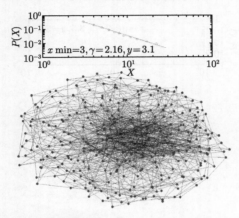

图 8.13　一个紧致网络 $(x\min = 3, a = 0, b = 1, c = 3.1)$

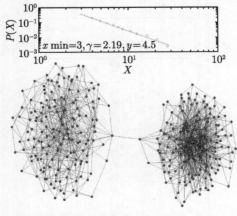

图 8.14　一个社区结构网络 $(x\min = 3, a = 0, b = 1, c = 4.5)$

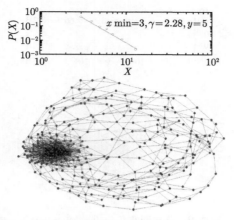

图 8.15　一个分形网络 $(x \min = 3, a = 0, b = 1, c = 5)$

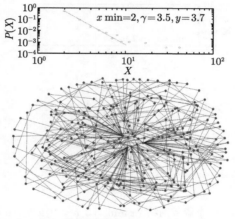

图 8.16　一个 Delta 分布网络 $(x \min = 2, a = 1, b = 1, c = 3.7)$

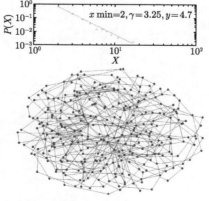

图 8.17　一个紧致网络 $(x \min = 2, a = 1, b = 1, c = 4.7)$

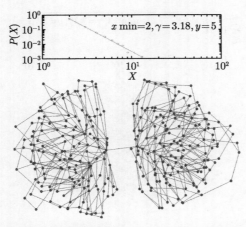

图 8.18　一个社区结构网络 $(x\min = 2, a = 1, b = 1, c = 5)$

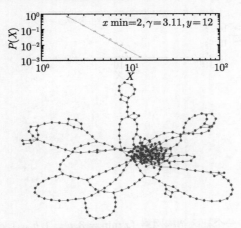

图 8.19　一个分形网络 $(x\min = 2, a = 1, b = 1, c = 12)$

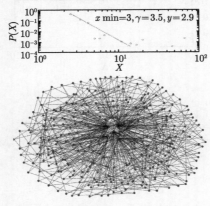

图 8.20　一个 Delta 分布网络 $(x\min = 3, a = 1, b = 1, c = 2.9)$

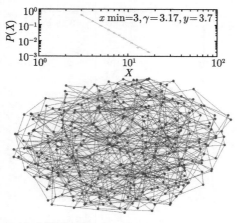

图 8.21　一个紧致网络 $(x\min=3, a=1, b=1, c=3.7)$

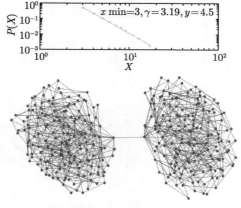

图 8.22　一个社区结构网络 $(x\min=3, a=1, b=1, c=4.5)$

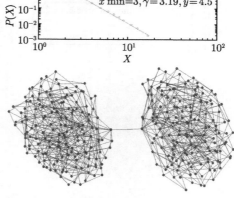

图 8.23　一个分形网络 $(x\min=3, a=1, b=1, c=6)$

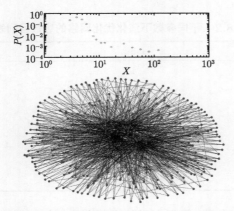

图 8.24 一个 Delta 分布网络 $(x\min = 3, a = 0, b = 0, c = 2.2)$

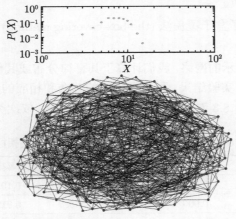

图 8.25 一个标准随机网络 $(x\min = 3, a = 0, b = 0, c = 3)$

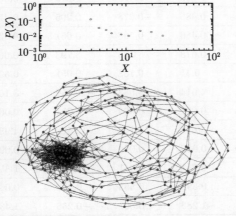

图 8.26 一个拉伸后的随机网络 $(x\min = 3, a = 0, b = 0, c = 5)$

表 8.2   不同参数下演化优化网络的边数目列表

γ	$x\min$	E
2	1	347
2	2	762
2	3	1157
3	1	Invalid
3	2	432
3	3	677
1	3	1200

当度分布为幂律分布时,用圈表示的度分布能很好地用线来拟合,拟合的结果中 $x\min$ 受到严格约束。

分形网络都经过了盒子覆盖法 (the box-covering method) 的检验,具体结果显示在后面图中。

对于所有 24 个展示的网络,我们计算了其幂律分布或其他分布的拟合度 [132]。在表 8.3 中,我们依据实验结果,列出了预期的分布和相应的量化的幂律分布的估计。此外,第一组和图 8.3 对应,第二组和图 8.4 对应,依次类推。

表 8.3   被展示网络的幂律分布似然检测的指标

分组	指标	幂律	指数	伸展指数	对数正态	截断幂律	状态	预期
图 8.3	LR	—	12.418	−0.012	−0.747	−0.101	良	Delta
	p	0.500	0.000	0.913	0.387	0.919		
图 8.4	LR	—	19.254	−2.384	−6.696	−2.155	中	power-law
	p	0.505	0.000	0.123	0.010	0.031		
图 8.5	LR	—	0.485	−0.278	0.205	−0.476	良	power-law
	p	0.116	0.486	0.598	0.651	0.634		
图 8.6	LR	—	−0.678	1.73	3.793	0.666	良	power-law
	p	0.252	0.41	0.188	0.051	0.506		
图 8.7	LR	—	4.914	−7.683	−10.852	−3.107	中	power-law
	p	0.118	0.027	0.006	0.001	0.002		
图 8.8	LR	—	30.87	−14.142	−13.572	4.981	差	Delta
	p	0.000	0.000	0.000	0.000	0.000		
图 8.9	LR	—	−0.713	0.351	−0.501	1.859	良	power-law
	p	0.225	0.398	0.553	0.479	0.063		
图 8.10	LR	—	−1.283	0.601	−0.255	1.436	良	power-law
	p	0.183	0.257	0.438	0.614	0.151		

续表

分组	指标	幂律	指数	伸展指数	对数正态	截断幂律	状态	预期
图 8.11	LR	—	14.483	24.429	21.273	0.986	良	power-law
	p	0.126	0.000	0.000	0.000	0.324		
图 8.12	LR	—	−4.039	−19.421	−15.139	2.271	差	Delta
	p	0.000	0.044	0.000	0.000	0.023		
图 8.13	LR	—	26.677	21.822	10.062	5.507	优	power-law
	p	0.102	0.000	0.000	0.002	0.000		
图 8.14	LR	—	−0.091	0.42	0.093	2.081	良	power-law
	p	0.428	0.762	0.517	0.761	0.037		
图 8.15	LR	—	−0.421	−0.25	−0.453	1.116	良	power-law
	p	0.263	0.516	0.617	0.501	0.265		
图 8.16	LR	—	79.950	89.548	58.876	8.194	差	Delta
	p	0.000	0.000	0.000	0.000	0.000		
图 8.17	LR	—	58.335	−3.563	−3.54	7.757	中	power-law
	p	0.114	0.000	0.000	0.000	0.000		
图 8.18	LR	—	47.212	51.619	30.309	5.931	优	power-law
	p	0.282	0.000	0.000	0.000	0.000		
图 8.19	LR	—	42.975	48.962	22.105	5.500	优	power-law
	p	0.121	0.000	0.000	0.000	0.000		
图 8.20	LR	—	5.615	19.237	20.873	2.629	差	Delta
	p	0.059	0.018	0.000	0.000	0.009		
图 8.21	LR	—	1.529	3.581	0.628	2.687	良	power-law
	p	0.849	0.216	0.058	0.428	0.007		
图 8.22	LR	—	−0.234	8.741	2.351	1.143	良	power-law
	p	0.277	0.629	0.003	0.125	0.253		
图 8.23	LR	—	1.547	3.617	0.628	2.660	良	power-law
	p	0.843	0.214	0.057	0.428	2.66		
图 8.24	LR	—	83.321	91.87	45.241	8.492	差	Delta
	p	0.000	0.000	0.000	0.000	0.000		
图 8.25	LR	—	−25.36	−99.354	−94.68	1.517	差	random
	p	0.000	0.000	0.000	0.000	0.129		
图 8.26	LR	—	47.394	34.029	35.936	1.637	差	random
	p	0.000	0.000	0.000	0.000	0.102		

在表 8.3 中，第三列 "power-law" 的值是幂律分布合理性的检测值，并且在 $p \geqslant 0.1$ 的情形下才被考虑幂律是合理的，否则，就被认为是其他分布。在第 4~7 列中的 "LR" 和 "p" 的值被似然比检测用来比较区分幂律和其他重尾分布，如指数

分布和伸展指数分布（"exp."　"the stretched exp."）。"LR"是相对于其他分布的对数似然比。假如 LR 为正，那么数据是幂律分布，假如是负，则数据是另外的分布。此外，LR 的显著性依赖于相应的 p 值，当 $p < 0.1$ 时，LR 是显著的，否则，LR 不可信赖；也就是说，LR 不能被用来判断是否数据相似于幂律分布的程度高于其他分布。

　　表中各列"幂律"表示幂律分布，"指数"代表指数分布，"截断幂律"表示有截断的幂律分布（"power law + cutoff"），"伸展指数"代表伸展指数分布（stretched exponential distribution），"状态"表示支持幂律分布的量化结果，"预期"代表预期的分布，分为 Delta 分布、幂律分布和指数分布。

　　对于状态，"差"表示网络的度分布和幂律分布不一致；"中"表示数据和幂律分布拟合得很好，但是另外的分布拟合得更好；"良"表示数据和幂律分布拟合得很好，但另外的分布也不错；"优"表示数据拟合得非常好，且另外的分布不合理。

　　通过表 8.3 可以看出，对于 N 较小的情形，被预期展现出幂律分布的网络都有令人满意的量化估计值。在第一组中，网络被估计成了幂律分布，但是其实质是 Delta 分布，原因在于 Delta 分布和幂律分布非常相似。

4. 分形网络分形性的验证

　　宋朝鸣等定义分形性为盒子数与最大盒子直径之间幂律关系的出现。这一分形性的定义基于长度变换，如式 (8.16) 所示。当使用一个模块化的层次结构来构造分形网络时，假如盒子覆盖法吸收了在最大盒子直径范围内的模块，那么盒子数和最大盒子直径之间就存在一个幂律关系。这里，集散节点和集散节点之间是排斥的关系。

$$N_B \sim l_B^{d_B} \tag{8.16}$$

　　然而，模块化的层次结构并不是唯一的满足宋朝鸣等所定义的分形性的方法。当边缘节点被从中心排挤开来以后，网络就变成了分形的，因为盒子数目能够对任意的最大盒子直径都满足幂律关系。

　　在数学上，自相似性可以表示为式 (8.17)。

$$f(x) \sim x^{-r} \tag{8.17}$$

　　因此，宋朝鸣等描述的自相似性或者分形性是一种盒子直径维度上的自相似性，这实质上是在直径上的结构自相似性。

　　另外，无标度网络具有可变度上的概率自相似性，我们称为度自相似性。

　　对于其他的测度，如聚集系数，不同的自相似性能够被定义。然而，对于特定的网络，诸如盒子覆盖法这样的方法能够被用来检查分形网络的自相似性。

　　因为平均最短路径长度也是一个关于长度的度量，盒子直径上的分形性能够被近似地应用到检查所展示网络的分形性。通过盒子覆盖方法，这里展现几个具有集散节点聚集行为的分形网络的分形性，结果如图 8.27～图 8.30 所示。

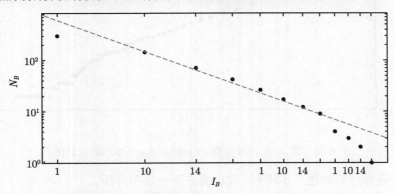

图 8.27　图 8.15 的分形性 $(x\min = 3, c = 5, N = 300)$

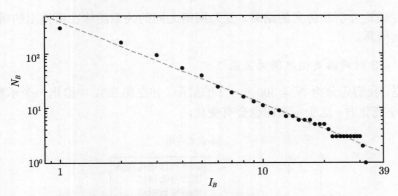

图 8.28　图 8.11 的分形性 $(x\min = 2, c = 7, N = 300)$

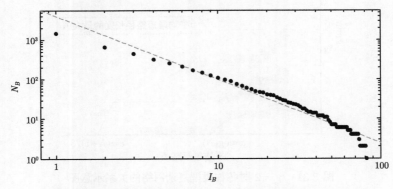

图 8.29　图 8.37 的分形性 $(x\min = 2, c = 20, N = 1500)$

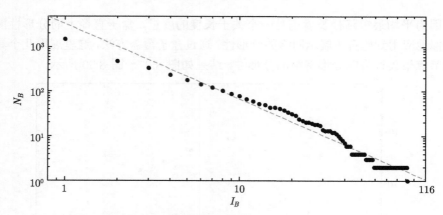

图 8.30　图 8.39 的分形性 ($x\min = 3, c = 20, N = 1500$)

对于分形网络的进一步研究，我们将在下一章节介绍。

8.4.3　网络类型之间的关系

通过理论分析和仿真的结果，复杂网络之间的关系能够在所提出的模型的框架下得到阐释。

1. $\gamma = 2$ 时网络类型之间的关系

这里，我们先分析 $N = 300, \gamma = 2$ 的情形，并在图 8.31 中给出一个示意图。当 N 或者 γ 变化时，这个示意图也会有变化。

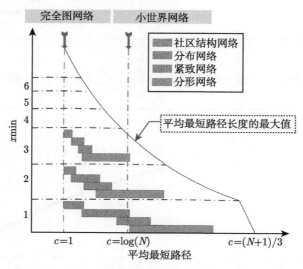

图 8.31　$\gamma = 2$ 时各种类型复杂网络的关系示意图

　　图 8.31 中 $\gamma = 2$。当 γ 变化时，图也会有些变化。从图 8.31 上，我们可以看到，平均最短路径长度实际上能够被视为网络类型的谱线。当然，另外的参数对网络的形成也会有影响。当 $c = 1$，网络是一个全连通图。当 $x\min = 1$，c 从 1 开始增加时，首先，网络是一个 Delta 分布的网络；当 c 继续增加时，网络变成一个紧致网络；当 c 继续增加，如果考虑物理距离，网络能够变成一个社区结构的无标度网络；当 c 还增加时，网络变成分形网络；当 c 达到最大值时，网络变成了线性的规则网络；当 $c = \ln(N)$ 时，网络是一个小世界无标度网络，或者可能还具有社区结构，依赖于具体情形。

　　当 $x\min = 2$，另外的参数不变时，网络类型的顺序不变，当在 c 谱线上的位置向左边移动，并且取值范围减小。当 $c = \ln(N)$，网络有可能实际上是分形网络。

　　2. $\gamma = 3$ 时网络类型之间的关系

　　这里，我们绘制度分布指数为 3 时，复杂网络之间的关系示意图，如图 8.32 所示。

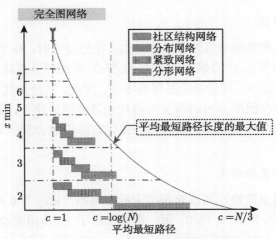

图 8.32　当 $\gamma = 3$ 时复杂网络关系示意图

　　当 $\gamma = 3$ 时，复杂网络的关系基本不变，只是 $x\min$ 需要大于 1。如若 $x\min = 1$，网络不可能是连通的，因为太多的节点需要只有 1 个邻居，居于网络边缘地带。

8.4.4　改进的快速算法

　　爬山法浪费了大量的时间在可能解的合法性上，如确保网络是连通的和每一个节点的度值大于 $x\min$。此外，边交换策略关注着边，而边的数量近似为 N^2，这一方面也占用了可观的开销。

　　我们可以通过一些改进来提高算法的效率。在原来的算法中，当让网络向增加平均最短路径长度方向演化时，常常不能得到更好的解，造成大量计算资源的浪费；另外，边交换的时候，容易出现不满足 $x\min$ 约束的情形。因此，可以从这两方面改进算法。

1. 平均最短路径长度方面的改进

在交换边时，平均最短路径长度容易增加。因此，当初始化时就让网络的平均最短路径长度变得很大，利于优化。

因为线状网络具有大的平均最短路径长度，首先就将初始化的网络设定为满足一定程度分布的线状网络。

以无标度为例，① 生成幂律分布的样本，构成各个节点的度；② 每一个节点给 $x\min$ 条边，并让它们形成一个线状网络；③ 额外的边被加入线状网络，使得节点的度分布符合幂律分布。

因为初始的网络基于线状网络，具有较大的平均最短路径长度，当额外的边被增加时，集散节点可以链接在一起，以使得 F_2 变大。

2. 节点交换方法

节点交换方法随机地交换两个节点的边。在边交换时，令节点 A 的某条边所指向的邻居移动到节点 B 的邻居，同时，让节点 B 的邻居移动成 A 的邻居。

在节点互换方法下，度分布总是保持不变。因此，当已知度分布以后，网络在优化的过程中，不会因度分布的改变而消耗计算资源。并且，这个方法不会对连通性产生影响。当网络本来就是连通时，优化方法仍然会保持连通，不会产生非法解。

3. 无标度网络实验结果

我们使用所提出的快速算法获得了无标度网络，显示了 6 组实验结果来探索网络结构，网络大小为 $N = 1500$。每一组被运行了 10 次用来检查算法的鲁棒性。实验参数列在表 8.4 中。

表 8.4 快速算法得到无标度网络的实验参数

分组	$x\min$	γ	c
(a)	1	2	7.3
(b)	2	2	3.5
(c)	2	3	20
(d)	2	2	20
(e)	3	2	3.5
(f)	3	3	20

对于每一组，我们选择第一次运行的结果作为例子，展示在图8.33～图8.38 中。

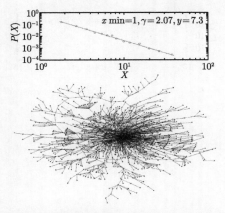

图 8.33　一个小世界无标度网络 $(x\min = 1, \gamma = 2, c = 7.3)$

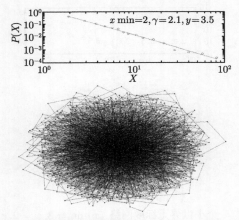

图 8.34　一个紧致无标度网络 $(x\min = 2, \gamma = 2, c = 3.5)$

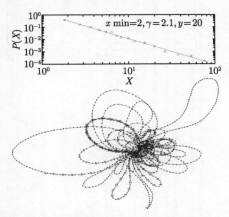

图 8.35　一个分形网络 $(x\min = 2, \gamma = 2, c = 20)$

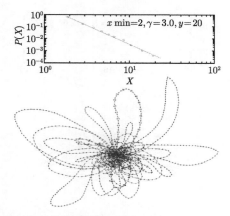

图 8.36　一个分形网络 $(x\min = 2, \gamma = 3, c = 20)$

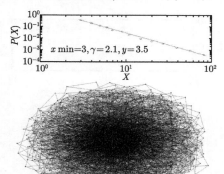

图 8.37　一个小世界无标度网络 $(x\min = 3, \gamma = 2, c = 3.5)$

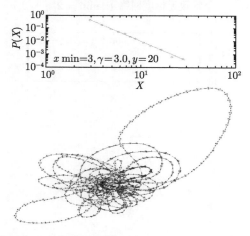

图 8.38　一个分形网络 $(x\min = 3, \gamma = 3, c = 20)$

对于在图 8.33 ～图 8.38 中所展示的所有网络，其无标度属性都进行了检测[132]，相应的结果列在表 8.5 中。

表 8.5　快速算法所得到的网络的无标度特性检测结果

分组	指标	幂律	指数	伸展指数	对数正态	截断幂律	状态
图 8.33	LR	—	391.515	−1.857	−9.432	−1.355	弱
	p	0.679	0.000	0.000	0.002	0.176	
图 8.34	LR	—	235.510	210.356	222.394	7.064	优
	p	0.430	0.000	0.000	0.000	0.000	
图 8.35	LR	—	40.558	51.472	38.261	7.076	优
	p	0.211	0.000	0.000	0.000	0.000	
图 8.36	LR	—	240.813	211.420	183.117	7.126	优
	p	0.417	0.000	0.000	0.000	0.000	
图 8.37	LR	—	214.133	269.678	159.591	11.836	优
	p	0.630	0.000	0.000	0.000	0.000	
图 8.38	LR	—	63.940	63.454	34.162	3.134	优
	p	0.590	0.000	0.000	0.000	0.002	

如表 8.5 所示，对于所展示的网络，其无标度属性是明显的，结果令人满意。

4. 社区结构网络的实验结果

为了得到具有多个社区的社区结构网络，我们定义了相似性距离，用以模拟现实世界中的几何距离、兴趣距离和偏好距离等。我们将两点 i 和 j 之间的相似性距离写为 g_{ij}，当 $g_{ij} = k$ 时表示两个节点属于不同的类别，当 $g_{ij} = t$ 表示两个点属于同一个类别。网络的相似性距离 l 则定义为各节点相似性距离的累加和，即

$$l = \frac{1}{2} \sum_{i \neq j}^{N} g_{ij} \delta_{ij} \tag{8.18}$$

我们可以将网络的距离重写为式 (8.19)。其中，l 是网络的相似性距离，y 是平均最短路径长度。

$$y' = l + y \tag{8.19}$$

因此，目标距离 c' 可以写为式 (8.20)，其中，c 仍然为平均拓扑距离，而 Δ 则代表目标网络的相似性距离常数。

$$c' = \Delta + c \tag{8.20}$$

由此，优化模型可以改写成

$$\begin{cases} \min F_1'(A) = \sum_{i=1}^{N} x_i \\ \max F_2'(A) = \sum_{i=1}^{N}\sum_{i=1}^{N} x_i^a x_j^b \delta_{ij} \end{cases} \tag{8.21}$$

subject to

$$y' = c'$$

$$N > x_i \geqslant x\min$$

和以前的结果类似，很容易证明该优化模型能够得到具有社区结构和无标度数学的优极网络。

在图 8.39 ～图 8.43 中，我们展示了 5 个具有多社区的社区结构的无标度网络。在这 5 个图中，节点的相似性距离设置为 $k=10$ 和 $t=1$。实验参数见表 8.6。

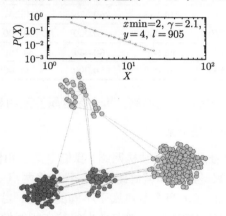

图 8.39　一个社区网络拓扑图 ($x\min=2$, $\gamma=2$, $c=4$, $l=905$)(后附彩图)

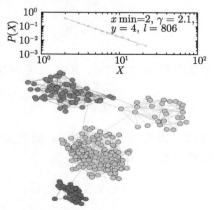

图 8.40　一个社区网络拓扑图 ($x\min=2$, $\gamma=2$, $c=4$, $l=806$)(后附彩图)

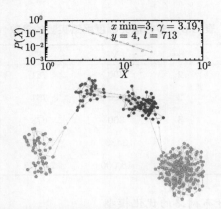

图 8.41　一个社区网络拓扑图 ($x$min=3, γ=3, c=4, l=713)(后附彩图)

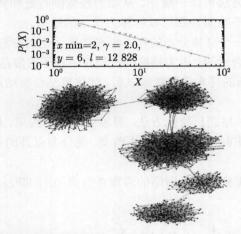

图 8.42　一个社区网络拓扑图 ($x$min=2, γ=2, c=6, l=12 828)(后附彩图)

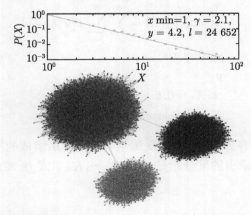

图 8.43　一个社区网络拓扑图 ($x$min=1, γ=2, c=4.2, l=24 652)(后附彩图)

表 8.6　多社区无标度网络实验的参数

图号	$x\min$	γ	N	E	c	l
图 8.39	2	2	300	761	4	905
图 8.40	2	2	300	761	4	806
图 8.41	2	3	300	678	4	713
图 8.42	2	2	3483	12 747	6	12 828
图 8.43	1	2	18 000	24 625	4.2	24 652

5. Log-Normal 度分布网络的优化模型

通过多目标优化方法可以一般化，从而为任意的特征和特征组合建模。因此，无标度属性和其他的一些属性都可以解释为优化的结果。

优化算法使用了一个幂律分布的样本集来指导优化的方向。实际上，这一方法对于另外的分布也是合适的，因为抽样的过程仅依赖于密度函数。一般而言，密度函数是已知的。当理想的样本已经获得以后，优化算法会驱动网络的度分布使之匹配理想的样本。

进一步地，通过拉格朗日松弛方法，可以处理多个约束。因此，当把额外的约束加入到原始的函数中时，整个框架并不改变，度分布以外的其他特征也能被优化所描述。

例如，加入我们想设置目标网络的聚集系数为 0.1，即 cc，我们仅需将原始等式写为

$$\begin{cases} \min F_1(A) = \sum_{i=1}^{N} x_i \\ \max F_2(A) = \sum_{i=1}^{N} \sum_{j=1}^{N} x_i^a x_j^b \delta_{ij} \end{cases}$$

subject to

$$y = c$$
$$cc(A) = 0.1$$
$$N > x_i \geqslant x\min$$

(8.22)

改变度分布也很容易，只需要改变每个节点的度所组成的序列，使之符合想要的度分布即可。假设期望的度分别是 $K_1, K_2, \cdots, K_N$，式 (8.22) 可以被改写成

$$\min \ g(A) = \sum_{i=1}^{N} (x_i - K_i)^2$$

subject to

$$y = c$$

$$cc(A) = 0.1 \tag{8.23}$$

$$N > x_i \geqslant x\text{min}$$

下面，我们以 Log-normal 分布作为例子。为了简化，我们只改变度分布，仍然保留 $x\text{min}$ 和平均最短路径长度 c 的约束。其优化方程为

$$\min \ g(A) = \sum_{i=1}^{N} (x_i - K_i)^2$$

subject to

$$y = c \tag{8.24}$$

$$N > x_i \geqslant x\text{min}$$

Log-Normal 分布的概率密度函数如式 (8.25) 所示。

$$f_X(x; u, \sigma) = \frac{1}{x\sigma\sqrt{2\pi}} e^{-\frac{(\ln x - u)^2}{2\sigma^2}}, \quad x > 0 \tag{8.25}$$

我们使用提出的快速算法来求解式 (8.24) 所表示的优化问题，计划求解 4 组数据，并设置各组参数如表 8.7 所示。

表 8.7　Log-normal 度分布网络的参数

分组	$x\text{min}$	$x\text{max}$	u	σ	c
(I)	2	150	3	1	7.3
(II)	2	150	3	1	3.5
(III)	2	150	4	1	7.3
(IV)	2	150	4	1	3.5

对于每组参数，我们执行 10 次算法来检查快速算法的鲁棒性。实验结果显示，网络的拓扑结构是相似的。因此，我们将其第一次运行的结果显示在图 8.44 ～ 图 8.47 中。

对于所展示的 4 组网络，我们分析它们的概率密度函数和累积度分布。因为组 (I) 和组 (II)，组 (III) 和组 (IV) 的度分布曲线分别是相似的，所以忽略了多余的图。将其结果显示在图 8.48 ～ 图 8.51 里。

总之，本章所提出的方法能建模任意的度分布，并能以其他的特征作为约束的网络。

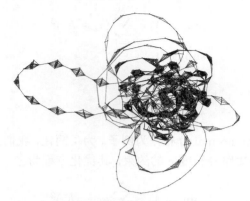

图 8.44　一个 Log-Normal 分布的网络 ($x\min=2$, $u=3$, $c=7.3$)

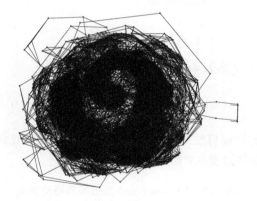

图 8.45　一个 Log-Normal 分布的网络 ($x\min=2$, $u=3$, $c=3.5$)

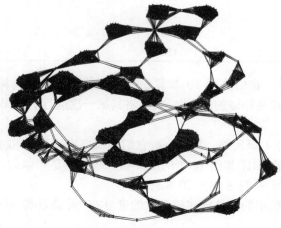

图 8.46　一个 Log-Normal 分布的网络 ($x\min=2$, $u=4$, $c=7.3$)

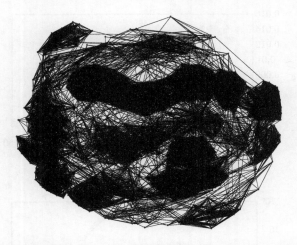

图 8.47　一个 Log-Normal 分布的网络 ($x\min=2$, $u=4$, $c=3.5$)

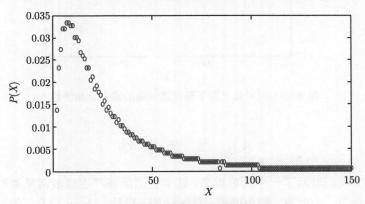

图 8.48　第一组网络的概率密度函数

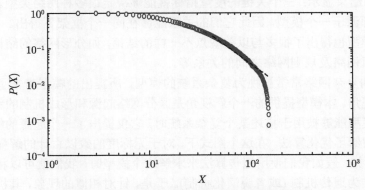

图 8.49　双对数尺度下第一组网络的累积分布函数

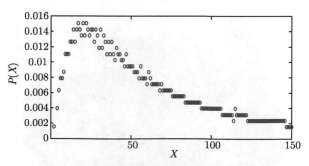

图 8.50　第三组网络的概率密度函数

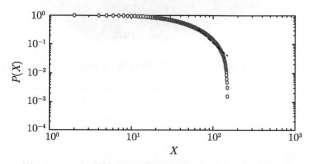

图 8.51　双对数尺度下第三组网络的累积分布函数

8.5　本　章　小　结

在本章，我们展示了一个简单模型，这个模型能够产生很多常见类型的复杂网络，包括无标度、小世界、超小世界、社区结构、紧致、Delta 分布、规则和随机网络。我们的结果显示：三个关键的度量指标就能够决定很多种网络类型。因为这些网络类型都源于一个模型，因此它们的关系能够在同一个框架下得出。

这一模型也得出了很多与以前观点不一样的结论，如分形网络的结论、小世界网络与随机网络及规则网络之间的关系等。

考虑到复杂网络常常被视为复杂系统的模型，所提出的模型带来了理解复杂系统的新视角。本模型提供的一个新视角是区分网络起源和形成机制的新图式。当所提出的模型能够被用于描述某个复杂系统时，它仅提出了一个起源的解释，而将机制解释留给了优化算法。在这个图式下，对于无标度的数以百计的解释可以合理地共存。例如，假如我们使用遗传算法来求解这个模型时，我们就可以将网络形成的机制归结为遗传机制 (或者说演化机制)。于是，针对相似的现象，其机制解释可以是不同的。

第 9 章 复杂网络多目标优化模型的深入研究

在第 8 章中，本书介绍了利用多目标优化方法获得具有多种特性及特性组合的复杂网络。在本章中，将主要深入介绍利用多目标优化方法来获取具有多个社区的社区结构网络，以及获取分形网络，并对所获得的网络进行深入分析。下面，分别对两部分的工作予以介绍。

社区无标度网络部分。当前建模社区无标度网络的研究多基于组合法，即先构造无标度特征再构造社区特征，或者先构造社区特征再构造无标度特征。基于组合法的模型能生成令人满意的社区无标度网络，但是该方法需要满足社区大小相等、社区特征和无标度特征间的顺序依赖等特定条件，而这些特定条件在真实网络的演化中往往并不存在。值得注意的是，多数学者同意社区网络起源于网络节点之间的类别距离，如地理距离、兴趣距离、偏好距离等，但现有研究尚未确证社区结构与类别距离之间的因果关系。针对组合法的缺点和社区特征起源的问题，本书建立了一个优化模型，该模型以无标度属性为优化目标，以类别距离为约束条件。仿真结果表明该模型揭示了类别距离与社区特征间的因果关系及类别距离才是社区形成的原因，而拓扑距离不是原因，并且展示了该模型能生成多种参数下的社区无标度网络，更好地拟合了现实世界中的社区无标度网络。

有研究发现，分形无标度网络都具有非同配混合性 [133]。还有研究工作表明分形网络必须符合一个临界条件：具有树结构的网络的骨干，从根节点度最大节点开始保持持续增长，既不太繁荣又不至于衰亡 [134]。我们发现实际网络中广泛使用的演员合作网络也是具有同配性的分形网络，从而找到了上述理论的反例。此外，一些通过最优化理论生成的优化网络具有分形和同配混合特性 [93]。我们的研究对之前分形的起源研究提出了挑战。因此，我们重新研究了复杂网络中分形的涌现现象，发现分形网络中存在结构均衡的现象。Hub 吸引和边界增长互为反作用力以维持网络的结构均衡。

9.1 社区结构网络的优化建模

现实世界中复杂网络无处不在，如计算机网络、社会网络、基因调控网络、通信网络等。当前的研究结果表明，这些含义显著不同，形态迥异的网络具有一些共有的特征 (如小世界、无标度、社区结构)，并遵循着一些特定演化规则。为了解释这些特征背后隐藏的机理，研究者提出了数百种模型刻画这些网络特征。

1998 年，Watts 和 Strogatz 提出小世界模型刻画现实世界中网络所具有的小世界效应，即网络具有较小的平均最短距离和较大的聚集系数 [2]。1999 年，Barabási 和 Albert 基于偏好连接机制提出 BA 模型来解释网络中出现的"马太效应"，即无标度特征 [1]。Kumar、Leskovec 和 Blum 等研究者还提出了偏好连接机制的变体模型——复制模型、森林火灾模型、随机游走模型来解释无标度特征的演化 [135]。Peruani 等基于连接的偏好性和内容间的相似性提出 Degree-Similarity 混合模型来预测文档网络的演化 [136]。Dall'Asta 等依据老节点偏好连接性和社团邻居连接性特征提出 DAC 增长模型模拟具有高聚集系数特征的引文网络的演化 [137]。Newman、Dark 和 Zheng 等从演化理论角度，提出优化模型以建模多特征的复杂网络 [93, 138]。Newman 等的研究表明，现实世界中的网络不仅具有小世界和无标度特性，还呈现出社区结构特征 [12, 110, 139]。

社区结构的网络即社区网络，体现了中国的谚语："物以类聚，人以群分"。社区网络的特征表现为由多个分隔明显的子网络组成。在子网络内部的链边比较紧密，而在子网络之间的链边则比较稀疏。在这些网络中，节点所代表的个体因为兴趣、亲和力、地域等的相似性而聚集成团 [110, 139]。越来越多的真实网络被发现不仅具有无标度特性，而且同时具有社区特征 [140-142]，然而这样的网络是如何演化生成的仍然没有一致答案。

当前建模社区无标度网络的主要方法多采用组合法。一种形式的组合法为：先构造出无标度特征再构造社区特征。例如，先构造若干大小相同的无标度网络，再在这些无标度网络之间随机添加少量的链边从而组合成一个社区无标度网络。但是该形式的组合法不仅要求网络的各个无标度子网络的大小相同，而且要求幂律指数也相同，否则网络的度分布将不满足幂律分布 [141]。另一种形式的组合法为：先构造出社区特征，再构造无标度特征。例如，先将节点划分到若干社区，再按照一定的方式将网络的度分布连接为幂律分布特征。该形式的组合法通常要求社区大小相等或者节点间的链接概率必须满足一些严格的限制条件。此外，这两种形式的组合法都暗示了社区特征和无标度特征之间存在因果/顺序上的依赖关系，但是社区特征和无标度特征是相互独立的 [93, 138]，并不存在顺序/因果依赖关系。由于组合法的诸多限制和网络特征间的依赖关系，组合法往往无法反映真实网络的演化。值得注意的是：多数学者认为社区网络的形成起源于网络中节点之间的类别距离，如物理距离、兴趣距离、偏好距离等 [32, 142, 143]，但当前对社区网络建模时并未考虑类别距离，或者将类别距离混同于拓扑距离，因此尚无研究确证类别距离与社区特征之间的因果关系。

针对组合法存在的缺点和"类别距离导致社区"的观点，本书基于优化理论建立了一个演化模型。该模型将无标度属性表示为优化目标，类别距离表示为约束条件。实验结果表明该优化模型不仅可以生成多种参数下的社区无标度网络，还确证了类别距离与社区结构之间的因果关系。此外，该模型还能很好地拟合现实世界中的社区无标度网络。

9.1.1　相关工作

社区发现算法的研究是社区网络研究中的一个重要方向。在社区发现算法的研究工作中，研究者需要使用大量的数据集以测试社区划分算法的准确性和效率。计算机仿真出的基准数据集对分析和测试算法的性能有重要作用。

著名的 GN、LFR 基准数据集等是一类受 planted l-partition 模型 (PLP) 启发而产生的社区网络数据集 [144]。PLP 模型的核心思想即是组合法：首先生成若干大小相同的随机网络，然后在这些随机网络之间随机添加少量的链边，从而组合成一个社区网络。Girvan 和 Newman 提出的 GN 基准数据集是 planted l-partition模型的一种特例，即网络节点数目为 128，网络被均分为 4 个社区 (每个社区内的节点数目为 32)，节点的平均度值为 16，且所有节点的度值近似 [110]。Fan 等设计了带权重的 GN 基准数据集，社区内、外的链边具有不同的权重值 [145]。Palla 和 Danon 等认为 PLP 模型假设社区大小完全相同、但节点度等特征并不符合真实的社区网络的特征 [146-148]。文献 [142, 146-150] 中提出了多种 PLP 的变体模型以构造更符合真实网络的基准数据集。Brandes 等提出了 GRP 模型 (Gaussian random partition model)[151]，该模型生成的网络的社区大小不同且满足高斯分布；Danon等基于 PLP 模型将 GN 基准数据集扩展为具有不同社区大小的社区网络，且社区尺寸大小服从幂律分布 [148]。

随着研究者对网络特征的深入研究，越来越多的研究表明很多社区网络同时表现出无标度特征 [140,151-155]。为了生成具有社区特征和无标度特征的网络基准集，一些基于组合法的建模方法被提出 [104, 152, 153]。郑和 Bagrow 等通过先构造无标度特征再构造社区特征的形式建模社区无标度网络。郑等人先利用 BA 模型构造出四个大小相同的无标度网络，再在这些无标度网络之间随机添加少量的链接来构造社区无标度网络 [104]；Bagrow 先利用 BA 模型构造出一个无标度网络，再将节点平均分配到四个社区，在每个节点的度值不改变的情况下将节点间的边尽可能连接到社区内部 [152]。Lancichinetti 则是通过先构造社区特征再构造无标度特征的方式建模社区无标度网络。Lancichinetti 等提出了 LFR 基准数据集 [153]，该数据集满足社区大小和度分布均满足幂律分布，而且该数据集是当前较受公认且使用较广的一类数据集。LFR 模型的构造步骤为：① 将节点分配到 n 个社区，并要求社区大小满足幂指数为 r_1 的幂律分布向量；② 社区内部的节点以随机方式链接，每个节点 i 在其所在社区内的度值为 $(1-u) \times k_i$) $0 < u < 0.5$, k_i 为节点 i 的度值)；每个节点 i 的另外 $u \times k_i$ 条边链接到其他社区节点的度值选自幂指数为 r_2 的幂律分布序列)；③ 节点的最小度值 $k_{\min}$ 和最大度值 $k_{\max}$ 满足 $k_{\min} < S_{\min}$、$k_{\max} < S_{\max}$,

其中 S_{min} 为社区中的最小边数，S_{max} 为社区中最大的边数。

尽管以上的模型能生成令人满意的社区无标度网络基准数据集，但是这些模型并不能模拟真实的社区无标度网络的演化。为了模拟现实世界中的社区无标度网络，一些组合法的变体模型被提出[157-159]。Chakrabarti 等提出了 Stochastic Kronecker Graph 模型，又称 SKG 模型，最初被称为 R-MAT 模型[157, 159]，该模型被选入作为 Graph 500 基准数据集的生成器之一。尽管该模型能生成多种类型的网络如社区网络、带权重且有向的二分图、随机网络，但该模型生成的网络的度分布通常为对数正态分布。近期，Seshadhri 等提出了 BTER(block two-level erdos-renyi) 模型[158]，Seshadhri 等认为任何具有重尾分布的社区网络是由若干致密的 ER 子图构成的无标度网络集合所组成，并假设"节点度值近似的节点属于同一社区"。该模型的构建分为三个步骤：① 按照近似度值的节点在同一社区的假设，将节点分别划分到不同社区中；② 每个社区内的节点之间的边按 ER 模型生成；③ 社区之间的边按 CL 模型 (两个节点的度值的乘积越大则两个节点之间有边的概率越高) 产生。BTER 模型能很好地模拟现实世界中同配性较强的社区无标度网络，但该模型因为假设同一社区内的节点度值近似而不适用于建模异配性较强的网络。

尽管上述基于组合法的模型可以生成令人满意的数据集，但其严格的限制条件在真实网络的演化中往往并不存在，如社区大小相等、链接概率，社区与无标度属性之间的顺序/因果依赖关系等诸多限制。例如，Zheng 等的研究表明社区特征和无标度特征是相互独立的两个特征[93, 138]，很多真实网络的社区大小不相同[146, 147, 149, 150]。本书的工作则是基于优化理论建立了一个社区无标度网络演化模型，这与当前的建模工作有显著区别。

9.1.2 基于优化理论建模社区无标度网络的必要性

社区特征和无标度特征之间的顺序/因果关系是组合法建模社区无标度网络的一个重要前提，即先构建无标度特征再构建社区特征，或者先构建社区特征再构建无标度特征。但是事实上这两个属性之间并不存在依赖关系，理由为：社区网络是多样的[93]，如度分布为随机分布的社区网络、具有小世界性质的社区网络；无标度网络也是多样的[138]，如具有分形特征的无标度网络、具有小世界特征的无标度网络[138]、具有洋葱结构的无标度网络[109]等。由此可知，网络不会因为具有无标度特征而演化出社区特征，亦不会因为具有无标度特征而演化出社区特征。因此，社区特征和无标度特征之间并不存在因果、顺序上的依赖关系。同理，网络的其他特征如小世界特征、分形特征等均相互独立。

由于网络的性质相互独立，则从演化理论的观点，网络的特征，如无标度特征、小世界特征、分形特征、社区特征等均可以被视为优化目标，进而建立一个给定优化目标的演化模型。在网络的演化过程中，可以加入约束条件，如拓扑距离、聚集系数等。根据加入的约束条件能验证加入的约束条件与最终演化结果 (网络特征) 之间的因果关系。

社区网络的表现形式一般为：节点能够依据拓扑距离聚类成簇，即社区结构与节点间拓扑距离相关。因此，有学者认为"拓扑距离可能是社区网络的成因"[154, 160]。为了验证这一观点，我们在文献 [138] 中的优化模型中加入拓扑距离作为约束，但演化结果显示所得到的网络是同时满足给定拓扑距离和无标度属性的其他网络，如同时满足给定拓扑距离和无标度属性的分形网络 [93, 138]。分形网络不一定是社区网络，因此实验结果否定了拓扑距离与社区网络之间的因果关系。而基于优化理论可以验证约束条件与优化结果之间的因果关系，因此本书在优化模型中加入了类别距离这一约束条件，从而确证了"类别距离导致社区产生"的观点。

9.1.3　社区无标度网络优化模型

1. 类别距离的定义

节点间的兴趣爱好、业务背景或者地域的差别 (距离)，在本书统称为类别距离。节点间的类别距离需要根据节点所属的类别而定义。类别距离的定义如式 (9.1) 所示：当两个节点 i 和 j 属于不同类别，则节点 i 和 j 之间的类别距离 $g(i,j)$ 为常数 a；当 i 和 j 属于相同的类别，则类别距离值为常数 $b)a > b)$。式 (9.1) 是一种简单的类别距离定义形式，但也可以定义节点间的类别距离为复杂的函数形式，更复杂的形式将在未来进一步研究。

$$\begin{cases} g(i,j) = a, & i \text{ 和 } j \text{ 属于同一类别} \\ g(i,j) = b, & i \text{ 和 } j \text{ 属于不同类别} \end{cases} \tag{9.1}$$

本书将网络的类别距离 l_A 定义为网络相邻节点间的类别距离值之和，其形式化定义如式 (9.2) 所示。其中，A 表示网络邻接矩阵，fi$A(i,j)=1$ 表示节点 i 和 j 之间有链边。

$$l_A = \frac{1}{2} \sum_{i \neq j, A(i,j)=1} g(i,j) \tag{9.2}$$

如图 9.1 中的网络示意图所示，节点 1 ~ 5 属于类别 K，节点 6 ~ 9 属于类别 Q。分别取距离值 $a = 5$，$b = 1$，则 K、Q 类别中，节点间的类别距离值均为 1，而分别属于类别 K 和 Q 的节点，这些节点间的类别距离值为 5。网络中链边上的值即为节点间的类别距离值。由式 (9.2) 可知，图 9.1 中网络的类别距离 l_A 为 23。

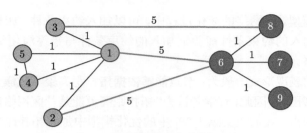

图 9.1　网络类别距离示意图

2. 优化模型的表示

　　本书将无标度属性表示为优化目标，网络的类别距离和拓扑距离分别表示为约束条件，建立的优化模型如式 (9.3) 所示。其中，A 为当前的演化网络，N 为网络节点数目。t 为目标网络度分布向量，t_i 为目标网络中节点 i 的度值。$d(A)$ 为网络 A 的度分布向量，$d_i(A)$ 为网络 A 中节点 i 的度值。$l(A)$ 表示网络 A 的类别距离，z 为目标网络的类别距离。y 为网络 A 的平均最短拓扑距离，c 为目标网络的平均最短拓扑距离。$F(A)$ 是网络 A 的无标度属性优化目标，$(l(A)-z)^2=0$ 为类别距离约束，$(y-c)^2=0$ 为拓扑距离约束。

$$\min \ F(A) \ = \sum_{i=1}^{N} (d_i(A) - t_i)^2$$

$$\text{s.t.}$$

$$(l(A) - z)^2 = 0$$

$$(y - c)^2 = 0$$

(9.3)

　　若度分布向量 t 满足幂律分布，当优化目标 $F(A)$ 在参数 z 和 c 下达到最小值 (即 $F(A)=0$)，则网络 A 的度分布此时也必定满足无标度特征。如果类别距离是社区网络的成因，则当 z 为某一给定值时，网络必定会出现社区特征；反之，则不会出现社区特征。同理，若拓扑距离是社区网络的成因，则当 c 为某一给定值时，网络必定会出现社区特征。

　　依据最优化理论，可以使用拉格朗日松弛法将式 (9.3) 转化成无约束的单目标优化问题 [161, 162]，即式 (9.3) 可以改写为如式 (9.4) 所示。

$$\min \ F'(A) = \sum_{i=1}^{N} (d_i(A) - t_i)^2 + \theta(l(A) - z)^2 + \delta(y - c)^2$$

(9.4)

　　式 (9.4) 中的 θ、δ 为拉格朗日乘子，拉格朗日乘子的意义是指目标函数对摄动的敏感度。若 $\theta > \delta > 0$ 表示目标函数 $F'(A)$ 对约束条件 $(l(A) - z)^2 = 0$ 更敏感，相对于约束条件 $(y-c)^2 = 0$，目标函数会先满足约束条件 $(l(A)-z)^2 = 0$；若 $\delta < \theta < 0$ 表示 $F'(A)$ 对约束条件 $(y-c)^2 = 0$ 更敏感。但 δ 和 θ 的取值并不影响最终的优化结果。这里我们无须区分约束条件的敏感度，所以直接设置 θ、δ 均为 1。因此，式 (9.4) 可以改写为式 (9.5)。式 (9.5) 最小值的求解可以采用任何优化算法，本书我们采取最简单的贪婪法求解式 (9.5)。

$$\min \quad F'(A) = \sum_{i=1}^{N} (d_i(A) - t_i)^2 + (l(A) - z)^2 + (y - c)^2 \tag{9.5}$$

3. 优化模型中的参数

式 (9.5) 中模型的参数有 t、z、c，其中 z、c 可以指定为任意大于 0 的常数值。目标网络节点度的幂律分布向量 t 可以利用 Clauset 等 [132] 提出的方法产生，如式 (9.6) 所示。其中 $p(k)$ 表示网络中节点的度值为 k 的概率，$k\min$ 为网络中最小的度值，r 为幂律分布的幂指数。实际网络的大小有限，k 不可能无限大，因此需要对 k 设置最大值。本书设置 k 的最大值为 $k\max$。

$$p(k) = \frac{r-1}{k\min} \left(\frac{k}{k\min} \right)^{-r} \tag{9.6}$$

4. 优化模型的理论结果分析

由优化模型 (式 9.3) 可知，在满足 z 和 c 的约束下，当 $F(A)$ 越小时，网络 A 的度分布向量 $d(A)$ 越接近目标网络的度分布向量 t，即网络 A 的度分布越趋向于幂律分布。当 $F(A)$ 达到最小值时，网络必定具有无标度属性。

当网络中的节点链接到其他类别的节点上时，$l(A)$ 的值会变大，而当链接到与自身相同类别的节点上时，$l(A)$ 的值变小。因此，若给定的参数 z 较小，且当满足约束条件 $(l(A) - z)^2 = 0$ 时，则网络 A 必定倾向链接到自身类别相同的节点，进而网络表现出的社区特征越明显，即社区内节点间的链边稠密，社区间节点的链边稀疏。

参数拓扑距离值 c 的变化，只导致网络在拓扑距离上的变化，而与社区特征的出现没有因果关系。

9.1.4 仿真实验

实验分为两部分：① 10 组不同参数下优化模型生成的社区无标度网络；② 优化模型模拟现实世界中的 4 组社区无标度网络。仿真实验中，网络节点数目最大为 18 772。

1. 不同参数下的社区无标度网络

本部分仿真实验中，为了清晰展示模型生成的网络图，选取较小的网络节点数目，实验均以 300 个节点为例。这里，我们假设节点分为三个类别 (每一类别下节点数目分别为 50、100 和 150)。模型中的参数如表 9.1 所示，其中 N 为目标网络的节点数目，E 为目标网络的边数目，$k\min$ 为最小的节点度值，$k\max$ 为最大的节点度值，r 为目标网络的幂律指数，z 为目标网络的类别距离。当 N、r、$k\min$ 和 $k\max$ 值确定后，E 可由式 (9.6) 相应地被确定。r'、z'、c' 为优化模型生成的网络的相应属性值；m 为模型生成的网络的模块度 (通常认为 $m \geqslant 0.3$ 时表示网络具有社区特征 [163])。

表 9.1　参数设置表

组	N	E	$k\min$	$k\max$	r	z	c	a	b	r'	z'	c'	m
(a)	300	432	2	18	3	830	5	20	1	3.03	831	4.98	0.517
(b)	300	761	2	43	2	830	5	20	1	2.08	837	5.03	0.572
(c)	300	678	3	25	3	830	5	20	1	3.06	830	5.00	0.519
(d)	300	678	3	25	3	750	5	20	1	3.06	754	5.01	0.559
(e)	300	678	3	25	3	830	10	20	1	3.06	830	10.00	0.601
(f)	300	678	3	25	3	/	5	20	1	3.06	/	5.00	0.190
(g)	300	678	3	25	3	—	5	1	10	3.06	6780	5.00	0.210
(h)	300	761	2	43	2	830	5	1	1	2.08	833	5.00	0.528
(i)	300	761	2	43	2	830	5	1	9	2.08	6851	5.00	0.559
(j)	300	761	2	43	2	6861	5	10	9	2.08	6861	5.00	0.547

　　优化模型生成了表 9.1 中所有的理想网络，表 9.1 中 10 组参数下的仿真网络如图 9.2 所示，网络的度分布如图 9.3 所示。图 9.2 中网络的不同社区用不同颜色和不同大小节点表示，这也是由节点的三种不同的类别决定的。图 9.3 中网络的累积度分布使用 log-binned 方法 [158] 绘制，网络的度分布均为幂律分布，而且生成的网络的幂律指数 r' 分别与表 9.1 中的 r 值近似相同。表 9.1 中生成的网络的拓扑距离值 c' 与对应的参数值 c 均近似相同，参数 (f) 组中参数 z 的值为 "/" 表示没有设置网络的类别距离值，而 (g) 组中的 z 值为 "—" 表示 z 为任意值。m 为生成的网络的模块度值，且表 9.1 中的 m 值显示只有 (f) 和 (g) 组参数下的网络没有社区特征，其他组的网络均有社区特征，这与参数 (f) 和 (g) 下生成的理想网络相符。

　　图 9.2 中的对照实验说明了表 9.1 中各参数对网络特征的影响。图 9.2(d) 和图 9.2(f) 表明类别距离导致社区特征，图 9.2(d) 和图 9.2(f) 中除网络类别距离参数 z 外其他参数均一致，图 9.2(d) 中的网络表现出明显的社区特征 ($m=0.559$)，但图 9.2(f) 中的网络没有出现社区特征 (模块度 m 只有 0.190)，这是因为图 9.2(f) 没有考虑类别距离。图 9.2(c) 和 9.2(d) 表明参数 z 影响社区效果的强弱，图 9.2(c) 和

9.2(d) 中只有 z 不同，当图 9.2(d) 中网络的类别距离参数 z 减小时，社区间的链边减少、模块度增大，因此图 9.2(d) 比图 9.2(c) 中网络的社区特征更显著。图 9.2(c) 和 9.2(e) 表明拓扑距离 c 并不影响社区特征，图 9.2(c) 和 9.2(e) 中的两个网络只有拓扑距离 c 不同，当 c 增大时图 9.2(e) 中的网络形成长长的链条形状，但网络仍具有社区特征。图 9.2(a) 和图 9.2(b) 表明当幂律指数 r 对边数目 E、节点最大度值 $k\max$ 和社区特征的影响，图 9.2(a) 中 r 增大时 E 和 $k\max$ 变小，社区之间的边增多以满足相对较大的 z 值，因此社区特征变弱。图 9.2(a) 和图 9.2(c) 实验组表明 $k\min$ 的变化对参数 E、$k\max$ 和社区特征的影响，当图 9.2(c) 中的 $k\min$ 变大时 E 和 $k\max$ 增大，社区之间的链边数目减少以满足相对较小的 z 值，因此社区特征变强。图 9.2(g) ～图 9.2(j) 反映了类别距离值 a 和 b 对网络特征的影响，当 $a = b = 10$ 时，图 9.2(g) 中的网络没有出现社区特征 (其模块度 m 为 0.21)，这种情况等价于图 9.2(f) 中的不考虑网络的类别距离，即设置 z 为任意值均不会影响

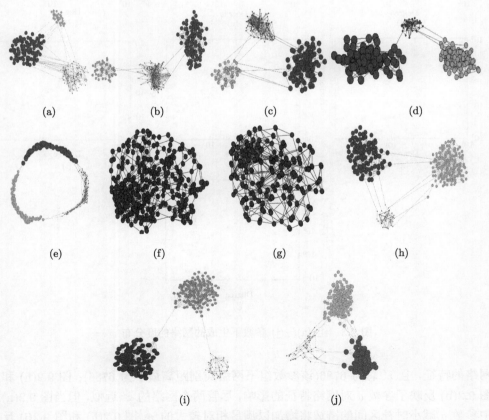

图 9.2　组 (a)～(j) 参数下生成的网络 (后附彩图)

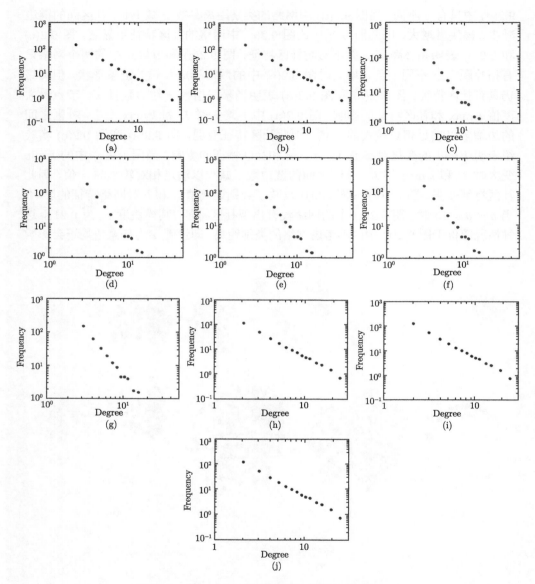

图 9.3 组 (a)～(j) 参数下生成的网络的度分布

网络的特征, 且 z' 总为 6786(该参数组下网络类别距离最小为 6786); 图 9.2(h) 和图 9.2(b) 反映了参数 a 对网络特征的影响, 尽管两个网络的 z' 近似, 但当图 9.2(h) 中参数 a 减小时社区间的链边将增加以满足相对较大的 z; 图 9.2(h) 和图 9.2(i) 反映了参数 b 对网络特征的影响, 当图 9.2(i) 中参数 b 增大时, 相应地网络的类别距离值也必然增大,尽管 z 被设置为 830,但演化出的网络的 z' 仍为 6851(该参数组下最小的网络类别距离值为 6851);图 9.2(i) 和图 9.2(j) 表明参数 a 和 b 的相对大小不影响社区特征的出现,参数 z 决定社区的效果。

2. 现实世界中社区无标度网络的仿真

本章选择近期由 Seshadhri 等提出的社区无标度网络建模模型 BTER 和影响较大的 SKG 模型,并在本部分实验中分别比较优化模型与 BTER、SKG 模型模拟现实中网络的近似程度。我们以 4 个社区无标度网络为仿真案例,其中包括两个常用的小型社区无标度网络:Polbook 网络、Netscience 网络 [164]。还包括由斯坦福大学网络分析平台提供的一个中等规模和一个大规模文献合作网络:Arxiv GR-QC 网络 (general relativity and quantum cosmology)[165];Arxiv ca-AstroPh 网络 (astro physics)[87]。四个网络的基本属性值如表 9.2 所示,其中 Polbook 网络和 Netscience 网络为异配网络,而 Arxiv GR-QC 网络和 Arxiv ca-AstroPh 网络为同配网络 (网络的同配/异配性质根据表 9.2 中的 β 值的正负性来判定)。

表 9.2 中参数 N、E、$k\min$、$k\max$、c 可以根据网络的邻接矩阵统计而得出;r 由 Clauset 等提出的幂律指数拟合方法计算得出 [132];β 根据文献 [166] 中的同配性计算等式得出,若 β 为正表示网络同配,负值表示异配 [166]。节点间的类别距离参数设置为 $a = 10$ 和 $b = 1$。参数 z 由式 (9.1) 和式 (9.2) 计算而得出,其中节点所属的类别根据 Blondel 社区划分算法 [163] 而得出。

表 9.2 网络属性表

网络	Polbooks 网络	Netscience 网络	Arxiv GR-QC 网络	Arxiv ca-AstroPh 网络
N	105	379	5242	18 772
E	441	914	14 496	396 100
$k\min$	2	1	1	1
$k\max$	25	34	81	504
r	2.62	3.36	2.07	3.47
Z	1926	1049	35 829	300 597
c	3.08	6.04	5.83	4.19
β	−0.008	−0.082	0.653	0.201
r'	2.62	3.37	2.07	3.46
z'	1926	1076	35 832	300 597
c'	3.08	6.04	5.79	4.16
Δ	0	27	3	0

4 个网络的划分结果如图 9.4 所示，而且不同的社区用不同大小的节点区分。

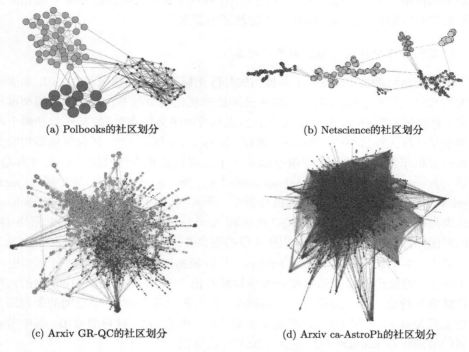

(a) Polbooks的社区划分　　　　　　　　　　　　(b) Netscience的社区划分

(c) Arxiv GR-QC的社区划分　　　　　　　　　　(d) Arxiv ca-AstroPh的社区划分

图 9.4　对照组中 4 个随机网络的实验结果 (后附彩图)

其中，Polbook 网络划分出 3 个社区 (即 3 种类别)，Netscience 网络划分出 6 种类别，Arxiv GR-QC 划分出 4 种类别，Arxiv ca-AstroPh 网络划分出 23 种类别。表 9.2 中的 r'、z'、c' 分别为优化模型生成的网络的属性值，其中 z' 为模拟出的网络在原类别下的网络类别值。Δ 表示真实网络的社区结构与生成的网络的社区结构之间的差异 $(\Delta = |z' - z|)$，Δ 越接近 0 说明优化模型生成的网络的社区特征与真实网络的社区特征越接近。

优化模型、BTER 模型和 SKG 模型仿真出的网络与真实网络间的近似程度分别如图 9.5 ～图 9.8 所示。

本书采用 5 种常用的评估指标评估任意两个网络的近似程度[157,167-169]，图 9.5 ～图 9.8 中的子图 (a) 是度分布拟合的近似程度，横坐标 D 表示节点度值，纵坐标 Count 表示度值 $\geqslant D$ 的节点数目；子图 (b) 是聚集系数拟合的近似程度，其纵坐标 C 表示度值为 D 的节点的平均聚集系数；子图 (c) 是节点间可达性拟合的近似程度，横坐标 N_h 表示跳数，纵坐标 R_N 为在 N_h 跳数相互可达的节点数目；子图 (d) 是网络特征值拟合的近似程度，纵坐标 E_v 表示网络的特征值 (eigenvalues)，横坐

标 R 为排序值; 子图 (e) 是网络值拟合的近似程度, 纵坐标 N_{v} 为网络值 (network values), R 为排序值。

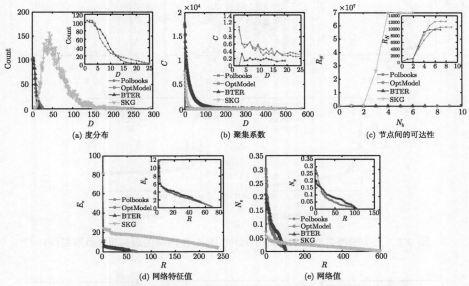

(a) 度分布　　　　　　　　(b) 聚集系数　　　　　　(c) 节点间的可达性

(d) 网络特征值　　　　　　　　　(e) 网络值

图 9.5　三个模型生成的网络与 Polbook 网络的近似度 (后附彩图)

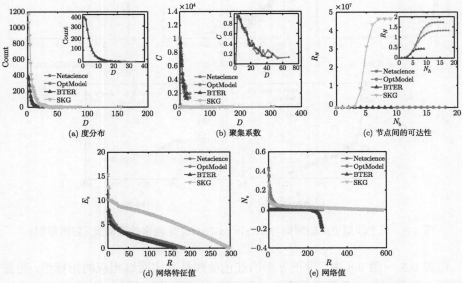

(a) 度分布　　　　　　　　(b) 聚集系数　　　　　　(c) 节点间的可达性

(d) 网络特征值　　　　　　　　　(e) 网络值

图 9.6　三个模型生成的网络与 Netscience 网络的近似度 (后附彩图)

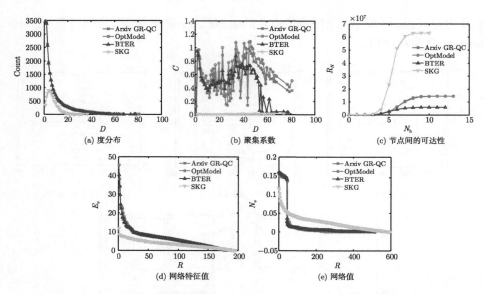

图 9.7　三个模型生成的网络与 Arxiv GR-QC 网络的近似度 (后附彩图)

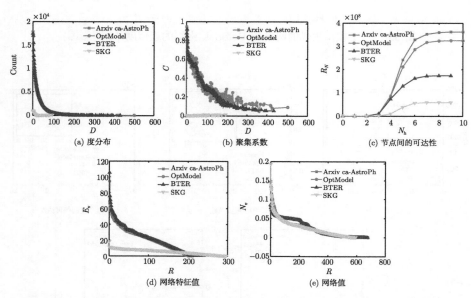

图 9.8　三个模型生成的网络与 Arxiv ca-AstroPh 网络的近似度 (后附彩图)

在图 9.5 ～图 9.8 中，带正方形的红色曲线是真实网络相应的指标值，带圆形的绿色曲线 OptNet 是优化模型生成的网络的指标值，带上三角形的蓝色曲线是 BTER 模型生成的网络的指标值，带下三角的黄色曲线是 SKG 模型生成的网络的指标值。生成的网络的指标值间差异较大，一些曲线在同一坐标系下无法清晰显示，因此我们在一些图的右上方加入子图。总体分析由图 9.5 ～图 9.8 可知，圆形绿色曲线 (优化模型) 与正方形红色曲线 (真实网络的属性值) 最接近；其次是上三角形蓝色曲线 (BTER 模型)；下三角形黄色曲线 (SKG 模型) 与正方形红色曲线偏差最大。因此，相对 BTER 和 SKG 模型，优化模型能更准确地模拟真实网络。

　　由图 9.5 可知，优化模型生成的网络的度分布与 Polbook 网络完全相同 (如图 9.5(a) 所示)，因为带正方形的曲线 (彩图下显示为红色) 与带圆形的曲线 (彩图下显示为绿色) 完全重合；聚集系数 (图 9.5(b))、网络特征值 (图 9.5(d)) 和网络值的指标 (图 9.5(e)) 与 Polbook 近似一致，但节点间可达性 (图 9.5(c)) 与真实网络存在差异；BTER 模型生成的网络的网络特征值与 Polbook 接近，度分布、聚集系数、节点间的可达性、网络值均与 Polbook 相差很大；SKG 模型生成的网络的度分布为对数正态分布，而且其他四个指标均与真实网络偏差很大。图 9.6 中优化模型生成的网络的度分布、聚集系数、网络特征值、网络值与真实网络 Netscience 近似一致；BTER 模型生成的网络的度分布、网络特征值与真实网络的网络值近似一致，但其网络值与真实网络相差较大；与图 9.5(c) 相似，BTER 模型和优化模型生成的网络的节点间的可达性与真实网络有偏差，但 BTER 模型与真实网络的偏差更大；SKG 模型生成的网络的度分布、网络值、网络特征值与真实网络的指标值的变化趋势近似，但指标值之间相差很大，其他两个指标值 (聚集系数、节点间的可达性) 与真实网络相差非常大。图 9.7 中优化模型和 BTER 模型生成的网络的度分布、网络特征值和网络值、聚集系数均与真实网络 Arxiv GR-QC 网络的指标值近似完全一致，但优化模型生成的网络的聚集系数和节点间的可达性指标比 BTER 模型更接近真实网络；SKG 模型生成的网络的网络特征值与真实网络的变化趋势相似，其他的指标值均与真实网络相差非常大。图 9.8 中 BTER 模型和优化模型生成的网络的度分布、聚集系数、网络特征值和网络值都与真实网络 Arxiv ca-Astroph 的指标值几乎完全一致，但优化模型的节点间可达性指标比 BTER 模型更接近真实网络；SKG 模型生成的网络的 5 个度量指标中，只有网络值与真实网络相接近，其他 4 个指标值均与真实网络相差很大。从图 9.5 ～图 9.8 我们可以看到 BTER 模型模拟 Polbook 和 Netscience 网络的准确度比模拟 Arxiv GR-QC 和 Arxiv ca-AstroPh 网络的准确度低，这是因为 BTER 模型不适合于建模同配性较弱的社区无标度网络。

9.2　分形网络的演化机制研究

　　许多的真实的复杂网络在形态上展示出了自相似性。因此，一些研究者开始关注拓扑在空间中的复杂网络的分形特性。其中，Song 等关于复杂网络中的分形研究受到广泛关注。他们通过一种盒子覆盖法定义了分形性，即提出了一种基于盒子覆盖法的重整化过程，将网络用指定大小的盒子来覆盖 [13]。盒子覆盖法的灵感来自于 Euclid 空间中的盒子计数法。盒子大小 ℓ_B 是指盒子中所有节点间距离的上界。重整化过程不停迭代直到整个网络成为一个节点。通过这个过程，他们发现很多真实世界网络，如万维网、蛋白质交互网络、细胞网络等具有尺度不变性和分形性。尺度不变性是指在不同尺度下重整化之后的网络仍然服从幂律分布。分形性是指覆盖整个网络所需要的盒子数量 N_B 近似等于盒子大小 ℓ_B 的 $-d_B$ 次幂。

在分形的演化机制上，许多研究者通过统计分析得到了很多有意义的结论。本章得到了一些与以往结论不同的结果。

Song 等对复杂网络中分形的涌现现象进行了分析 [14]。他们从网络演化的角度基于 Barabási-Albert 模型提出了动态增长模型。他们的结果显示模块混合概率 e 更大的网络容易形成非分形，而 e 比较小的网络倾向于为分形网络。因此，他们认为 "Hub" 排斥为分形的起源。有相似研究发现分形无标度网络都具有非同配混合性 [133]。还有研究工作表明分形网络必须符合一个临界条件：具有树结构的网络的骨干，从根节点 (度最大节点) 开始保持持续增长，既不太繁荣又不至于衰亡 [134]。

但是，以上的断言都是基于实验而不是理论证明。在文献 [170] 中，我们通过修改了 DGM 模型的增长方式得到了与以往结论不同的结果。众所周知，Hub 节点定义为整个网络中度数最高的一些节点。我们发现 Song 等人假设各个盒子中度数最高的节点为整个网络的 Hub。事实上，由于度的幂律分布，大部分盒子中的最高度数节点的度数都远低于网络中的 Hub 节点。因此，我们使用了可变概率 e 的机制使得真正的 Hub 节点之间有高的概率相连，而降低了非 Hub 节点之间的连接概率。通过这个机制，我们就能得到分形和无标度的具有强的 Hub 吸引行为的网络 (缩写：HADGM)。并且，我们发现实际网络中广泛使用的演员合作网络也是具有同配性的分形网络。

此外，我们发现一些通过最优化理论生成的优化网络具有分形和同配混合特性 [93]，这表明异/同配特性与分形性无关。我们重新研究了复杂网络中分形的涌现现象，发现分形网络中存在结构均衡的现象。Hub 吸引和边界增长互为反作用力以维持网络的结构均衡。

本节内容如下：首先，介绍分形维度的定义，给出了分形维度的计算方法；其次，介绍当前关于分形演化机制的研究及主要观点，在分析这些观点的基础上提出 HAGDM 模型，主要有两个增长机制，即可变概率 e 机制和盒子内边增长方法；再次，我们分析了 HAGDM 模型的特性，包括分形性、无标度性以及度关联性；最后，介绍优化模型并对比了所有网络的同配混合性。

9.2.1　复杂网络中的分形维度定义及其算法

复杂网络中的分形维度的定义和算法非常多，总体来说分为两大类：以盒子覆盖法为代表的几何法，以及以谱分析法为代表的代数法 [171]。盒子覆盖法等几何法通过直接的测量方式对网络的盒子数量进行计算。谱分析法通过采用网络的邻接矩阵进行代数变换，从总体上获得网络属性的测度。这里，本小节主要关注几何法。在几何法中，除了盒子法所定义的盒维度，另外还有 Shanker 等提出的体积维度 (又称容量维度) 的概念 [172]，以半径 r 所覆盖到的节点数量为节点的容量 $N(r)$，得到分形网络存在：

$$N(r) \sim r^{d_v} \tag{9.7}$$

其中，d_v 为容量维度。并且 Long 等在此基础上提出了基于平均密度的分形维度 [173]。

另外，还有 Wang 等根据欧式空间的相关维度提出的复杂网络的相关维度 [174]。给定距离 r，定义 $C(r)$ 为两节点直接距离小于 r 的节点对的百分比，则有

$$C(r) \sim r^{D_C} \tag{9.8}$$

其中，D_C 为相关维度的值。相关维度所得到的结果与盒覆盖的结果相似，但是计算相关维度具有较低的时间复杂度。同时，Lacasa 等提出的基于遍历理论的相关维度 [175]，不需要获得网络的全局信息，并可以应用到具有空间嵌入的复杂网络。

考虑到不同盒子的覆盖能力不同，Wei 等提出的基于信息熵的信息维度 [176]。给定盒子大小 ℓ，定义节点落入第 i 个盒子的概率为 $p_i(\ell)$，则分形网络的信息维度 d_i 的定义为

$$d_i = \lim_{\ell \to 0} \frac{\sum_{i=1}^{N_B} p_i(\ell) \ln p_i(\ell)}{\ln \ell} \tag{9.9}$$

以上的研究从不同的角度分析了复杂网络的分形性，丰富了复杂网络中分形维度的研究。但是，目前大多数的研究还是基于盒子覆盖法，本小节的研究也主要关注盒子覆盖法。因此，我们这里将着重介绍盒子覆盖法的研究进展。

图 9.9 首先随机选中节点 1 作为种子，燃烧 $r_B = 1$ 范围的节点到红色的大圈中。其次选中节点 2，燃烧了两个"未燃烧"状态的节点 3 和节点 4 到黑色虚线的大圈中。然后是选中节点 3 和节点 4 依次燃烧。可以看到，节点 3 和节点 4 同在黑色盒子中，但是未连接到一起，因此该盒子不连通。

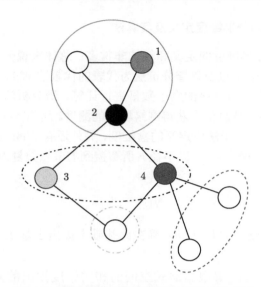

图 9.9　随机燃烧法中产生的盒子覆盖法 [177]

前面已经介绍过盒子覆盖法的概念，盒子覆盖法有个公开而且未解决的问题：如何找到用最小的盒子数量来覆盖整个网络的最优解。众所周知，这个问题是 NP 难问题 [178]。为解决这个问题，人们提出了很多的算法。

首先，由 Kim 等提出的随机燃烧法 [179]，该方法首先将随机一个节点作为种子节点，该节点将周围在半径 r_B 以内的 "未燃烧" 的节点设为 "已燃烧" 状态并圈入盒子中，如此循环，直到所有节点都被燃烧，过程如图 9.9 所示。在后续的工作中 [177]，Kim 等发现随机燃烧法可能会产生许多不连通的盒子。他们发现这种不连通的盒子对分形性具有关键作用，如果将这种不连通的盒子计算为两个盒子，则网络会失去分形特性。

其次，Song 等在文献 [180] 中提出了三种算法：贪婪图着色法 (greedy)、紧凑型盒子燃烧法 (CBB)、最大排除质量燃烧法 (MEMB)。greedy 算法将盒子覆盖问题转化为图的顶点着色问题，然后用 greedy 算法进行求解。greedy 算法具有非常小的时间复杂度，并且易于实现，所以得到了广泛的应用。CBB 算法有点类似于随机燃烧法，但是它采用了直径 ℓ_B 作为盒子大小的度量，而不是半径 r_B。并且，CBB 算法采用了遍历的方式来确保盒子的紧凑性。紧凑性是指这个盒子中不能再加入任何节点，否则就违反盒子的定义。可以看出，这种遍历的方式，具有较高的时间复杂度。

MEMB 算法区别于随机燃烧法，选择具有最大排除质量的节点作为种子。MEMB 算法的具体流程如图 9.10 所示。MEMB 算法的最大排除质量的选择机制符合现实中的常理，如城市中最四通八达的地方往往是城市的中心，网络中也同理。并且 MEMB 算法能保证盒子中的节点的连通性，因此，MEMB 算法得到的不同尺度上的盒子覆盖往往能与现实网络的层次结构比较相近。因此，MEMB 算法也经常被研究者采用来分析现实网络。MEMB 算法的缺点是，每一次燃烧之后都要重新计算所有节点的排除质量，具有较高的时间复杂度。

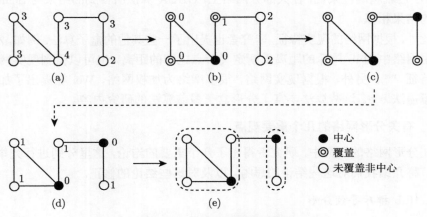

图 9.10　MEMB 算法的流程

图 9.10 展示了 MEMB 算法的流程。图 9.10(a) 首先计算所有节点的排除质量，即以本节点为中心，r_B 为半径 (此处 $r_B = 1$) 之内所有未燃烧的节点的数量，包括本节点。图 9.10(b) 选择具有最大排除质量的节点作为中心，燃烧中心节点周围距离为半径 r_B 以内的节点，设置为覆盖状态，并重新计算所有节点的排除质量。图 9.10(c) 再次选择具有最大排除质量的节点作为中心，直到图中不存在未覆盖并且非中心的节点。图 9.10(d) 得到网络中所有的中心节点。图 9.10(e) 所有非中心的节点归并到离它最近的中心所在的那个盒子中。

另外，根据细胞网络的实际情况，Zhou 等提出了基于模拟退火的边覆盖盒子算法 [181]。Locci 等提出了一种基于聚类合并的合并算法，并且比较了三种盒子算法：合并算法、greedy 算法和模拟退火算法 [182]。结果表明合并算法最高效，模拟退火算法最准确，greedy 算法在两者之间。可以看出，准确性和高效性是盒子覆盖算法的两个重要目标。

此后，Schneider 等提出一个基于燃烧法的优化算法 [183]。该算法先使用燃烧法以 r_B 为半径来算出所有可能的盒子，然后逐步消除掉冗余的盒子。在消除冗余后，将网络划分为子网络分开计算。相比以往的算法，Schneider 算法在许多真实的网络上可以得到更准确的解，如在 WWW 网络上的结果可以得到 15% 的改进。Schneider 算法有效的改进和较高的效率得到业界的广泛认同。但是，Schneider 算法由于使用半径 r_B 来约束盒子，比使用 ℓ_B 具有更强的约束，因此研究者发现

Schneider 算法在社区网络上的效果并不理想。

最近，Sun 和 Zhao 提出重叠盒子覆盖算法 (OBCA) [184]。OBCA 算法的思想还是消除冗余的盒子，但是使用直径 ℓ_B 来创建盒子，避免了使用 r_B 带来的约束，并且可以保证盒子的紧密性。这种可重叠的盒子，也与现实网络中存在的重叠社区吻合。不过就精确性来说，在大部分网络上，OBCA 算法所得到的结果与 Schneider 算法的结果相似。

此外，根据网络的现实特征，研究者也提出了一些其他的盒子算法。例如，Zhang 等利用网络中 Hub 排斥的距离重新定义节点之间的距离，也可以得到现实网络的分形特征 [185]。另外，根据现实网络，很多网络为加权网络，Wei 等提出了加权的盒子覆盖法 [186]。这些算法丰富了分形盒子覆盖算法的研究内容。

9.2.2　有关分形网络的几个重要观点

在分形网络的研究中，研究者得出了几个重要的结论，这里分别进行列举。后续章节将介绍我们对这些结论的思考，以及对这些结论的修正。

1. Hub 排斥导致分形

Song 等认为，在网络结构演化的过程中，网络中的 Hub 节点之间的强烈排斥作用导致了分形结构的涌现 [14, 187]。他们提出一个动态增长模型，动态增长的过程可以视为重整化过程的逆过程。该模型可以生成分形和非分形的网络，如图 9.11 所示，在 t 时刻的度数为 $k(t)$ 的初始节点 (彩图下为红色节点)，在 $t+1$ 时刻新增 $mk(t)$ 个新节点 (黑色节点) 并与初始节点相连。然后以两种方式生成跨盒子的连接：模型 I(Hub 吸引) 和模型 II(Hub 排斥)，并以概率 e 来混合模型 I 和模型 II。可以推导出 DGM 的数学框架为 [14]

$$\tilde{N}(t) = n\tilde{N}(t-1)$$
$$\tilde{k}(t) = s\tilde{k}(t-1) \tag{9.10}$$
$$\tilde{L}(t) + L_0 = a(\tilde{L}(t-1) + L_0)$$

其中，$\tilde{N}(t)$ 代表 t 时刻的网络中的节点数量；$\tilde{k}(t)$ 代表 t 时刻某节点的度数；$\tilde{L}(t)$ 代表 t 时刻网络的直径；L_0 为初始网络直径。n 的取值与 e 无关，从迭代过程可以推导出 $n = 2m+1$。对于单个节点，如果以模型 I 增长，则 $s = m+1$；如果以模型 II 增长，则 $s = m$。对于整个网络，当 $e = 1$ 时 (仅有模型 I)，$a = 1$，$\tilde{L}(t)$ 呈线性增长；当 $e = 0$ 时 (仅有模型 II)，$a = 3$，$\tilde{L}(t)$ 呈指数增长。将分形网络的假设条件 $N_B/N \approx \ell_B^{-d_B}$ 代入式 (9.10)，可得 $d_B = \ln n/\ln a$。因此，当 $a \to 1$ 时，$d_B \to \infty$，网络表现为非分形网络。相反，网络为分形结构。根据以上分析，Song 等认为 Hub 节点的排斥性，导致了分形的涌现。

图 9.11 展示了动态增长模型，其中分支率参数为 $m = 2$。图 9.11(a) 为 $t - 0$ 时刻的初始图；图 9.11(b) 为仅有模型 I 的情况下，$t = 1$ 时刻的网络，即 Hub 节点 (彩图下为红色节点) 直接相连；图 9.11(c) 为仅有模型 II 的情况，$t = 1$ 时刻的网络，即 Hub 节点不直接相连, 绿色的边连接两个非 Hub 节点；图 9.11(d) 为模型 I 和模型 II 以概率 $e = 0.5$ 混合形成，图片引自文献 [14]。

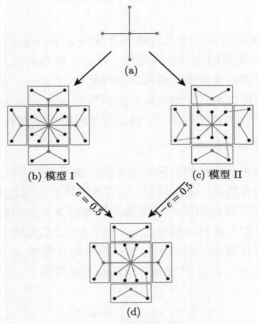

图 9.11 动态增长模型

2. 分形性与异配相关

Yook 等与 Song 等的观点类似，他们认为网络的分形性与异配性有关 [133]。异配性与同配性相反，同配性是指节点更倾向于与自己节点度数相似的节点相连接。大部分社交网络都被发现具有同配性，如新浪微博中与大 V(被关注较多的认证用户) 相互关注的通常也是大 V。同配性或者异配性通常有两个常用的度量参数：Pearson 系数 [166] 和邻居相关度 [188]。Pearson 系数表示为

$$r = \frac{K^{-1} \sum_i j i k i - \left[K^{-1} \sum_i \frac{1}{2}(ji + ki) \right]^2}{K^{-1} \sum_i \frac{1}{2}(ji^2 + ki^2) - \left[K^{-1} \sum_i \frac{1}{2}(ji + ki)^2 \right]} \tag{9.11}$$

其中，ji，ki 为第 i 条边的两端的节点的度数，有 $i = 1, \cdots, K$，K 为网络中所有边的数量。r 的取值范围为 $[-1, 1]$。例如，为 r 正数，表示该网络为同配网络，越趋近 1，表示同配性越强。反之，r 正数表示该网络为异配网络，越趋近 -1 表示异配性越强。邻居相关度是指度数为 k 的所有节点的邻居节点的平均度数，表示为

$$< k_{nn} >= \sum_{k'} k' P(k'|k) \tag{9.12}$$

其中，$P(k'|k)$ 是指度数为 k 的节点连接到度数为 k' 的节点的条件概率。$< knn >$ 曲线的斜率为正，则表示网络具有同配性，反之，斜率为负，表示网络具有异配性。这两个参数通常同时使用来度量网络的同配性，Pearson 系数能量化同配性的程度，邻居相关度则可以更直观地观察节点的度相关性。Yook 等通过实验分析了一些实际网络的分形性和同配性之后，得出分形网络通常都具有异配性的结论。

3. 分形结构由骨架结构决定

Goh 等发现网络的分形结构由网络的骨架结构所决定 [134]。这个骨架结构定义为网络具有最大的边介数的一条生成树，生成树以外其余的边则称为捷径边。利用重整化分析，Goh 等发现网络的骨架结构与原始网络具有相似的分形标度，而随机生成树的分形标度则与原网络相差甚远。进一步，以生成树中最大的节点为根节点，并从根节点出发计算每一层的所有节点的平均分支率 $< m >$ (以节点到根节点的最短距离划分层次)。Goh 等发现分形的临界条件为

$$< m >\equiv \sum_{m=0}^{\infty} mb_m = 1 \tag{9.13}$$

其中，b_m 为分支率为 m 的概率。分形网络的骨架结构各层上的平均分支率 $< m >$ 在 1 周围上下浮动，既不过分增长，也不过分衰减。而非分形网络的 (如 Internet 网络) 的分支率则在最初几层上快速衰减为 0。并且，Goh 等发现分支树模型中以一定概率加入随机捷径边，会使得原有的模块结构消失，并使得分形网络变为非分形。

4. 分形结构与小世界间具有相变过程

Zhang 等提出一个演化模型，通过控制参数 q 的变化导致网络从分形到非分形的相变 [189]。参数 q 的定义为网络演化过程中节点吸引或排斥的概率。该文献的结论认为网络从大世界向小世界的转变过程同时伴随着从分形到非分形的相变。更具有代表性的，Rozenfeld 等通过控制生成不同距离上的捷径边的概率，即 $P = Ar^{-\alpha}$，来分析分形到小世界的相变过程 [190]。他们通过理论推导和实验验证，发现当 $\alpha > 2d_B$ 时，网络结构处于稳定相，表现为纯分形结构。而当 $\alpha < 2d_B$ 时，处于不稳定相，

在此区间存在分形和小世界共存的现象, 网络的结构取决于捷径边, 捷径边的概率逐渐增大, 导致网络结构变为纯小世界网络。

9.2.3　复杂网络分形的应用研究

由于分形网络还处于理论研究阶段, 在实际中的应用还并不广泛。研究者目前主要关注点在于通过对实际网络的实证研究发现分形网络有哪些区别于非分形网络的统计特征。我们这里对目前的一些发现进行简要介绍。

首先, Song 等通过对分形动态增长模型网络进行分析发现: 由于模型生成的分形网络的 Hub 节点在网络中分布比较分散, 分形网络在对度数较大的节点进行选择性攻击下, 具有比非分形网络更好的抗攻击性 [14]。这种现象解释了为什么现实中的许多生物网络都要演化为分形网络结构。

Concas 等对软件网络的实证研究发现: 分形维度与网络的面向对象复杂度度量相关, 而面向对象复杂度度量与软件故障易发性密切相关 [191]。因此, 分形维度可以作为软件复杂性的一个度量标准, 作为了解软件系统的质量的一种参考。其后, 他们进一步分析了网络缺陷与分形维度之间的关联性, 并认为这种关联性存在于软件的所有子项目和整个生命周期中 [192]。

Gallos 等在通过对实际网络的实证研究来分析分形网络的特征方面做出许多重要的工作。首先, 对生物网络的分析提出了一个关于网络交通的标度理论, 即通过重整化群方法分析网络在不同尺度上的信息扩散过程 [193]。他们发现在不同尺度上网络的几个特性: 分形模块度、信息的扩散和阻力, 具有尺度不变性。并且发现分形模块度与网络的渗流具有相关性, 结果表明网络的模块特性降低了网络的信息扩散速度。此后, Gallos 等发现网络在重整化过程形成的不同尺度下的节点度相关性具有尺度不变性 [194], 节点度相关性标度的指数 ϵ 区分了分形网络 $(\epsilon > 2)$ 和非分形网络 $(\epsilon \leqslant 2)$。接下来, 由于现实中许多网络都是加权网络, 如演员合作网络, 两个演员可能在不同的影片中合作多次, 那么边的权重则为合作的次数。针对对加权网络的分析, Gallos 等通过对大脑网络和 IMDB 演员合作网络的分析, 引用了弱连接的概念, 通过对边进行一个权重阈值的过滤将网络分为多个网络子集, 发现通过阈值的变化, 网络从小世界网络相变为分形网络 [195, 196]。由此得出结论, 网络中的强连接 (权重较大的边) 形成了网络的分形结构, 而弱连接 (权重较小的边) 导致了小世界现象。

此外, Zhang 等的分析表明网络的分形结构对于疾病的传播具有一定的抑制作用 [197]。还有研究者针对分形网络的实证研究发表了综述 [198]。

9.2.4　具有 Hub 吸引行为的分形和无标度的复杂网络模型

具有 Hub 吸引的动态增长模型是基于 Song 等提出的动态增长模型的改进。

如图 9.12 所示，基于 DGM 模型的动态增长框架，我们引入概率 e 可变机制 (Hub 节点有更高的概率互相直连)。通过这个机制，我们可以使得 Hub 连接到一起，并且同时保持分形性。而且，我们还发现 DGM 网络仅是不含回路的生成树结构，这与实际网络不符。因此，我们还提出了盒子中的边增长方法，此方法增加了高度数节点之间的关联性。

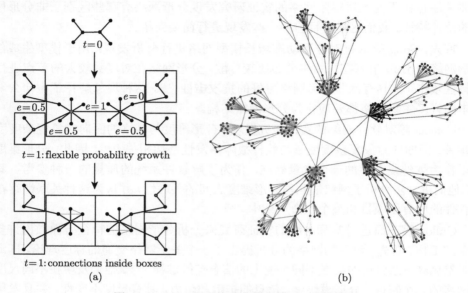

图 9.12　Hub 吸引的动态增长模型 (后附彩图)

图 9.12(a) 分别为：$t = 0$ 时刻的 6 个初始节点；$t = 1$ 时刻的可变概率动态增长模型，对于高度数节点 $e = 1$，对于低度数节点 $e = 0.5$；$t = 1$ 时刻盒子内的节点增长 (彩图下为绿线) 方法，即在每个盒子中随机选择一个新生成节点，使该节点随机连接到其他 $\tilde{k}(t-1)$ 个新生成节点。图 9.12(b) 为 $t = 2$ 时刻的 HADGM 网络，该网络初始 $t = 0$ 时有 5 个节点。不同颜色代表节点处于 $\ell_B = 3$ 的不同的盒子。

(1) 混合概率 e 可变机制。在动态增长过程中，$t-1$ 时刻的边 δ_{ij} 在 t 时刻将成为跨盒子的边 δ'_{ij}。参数 e 决定跨盒子的边 δ'_{ij} 的 Hub 吸引的概率。我们将 e 定义为一个分段函数 $e = f(\delta'_{ij})$，e 的值依赖于 $t-1$ 时刻的边 δ_{ij} 所连接的两个节点 i 和 j 的度，即

$$e = f(\delta'_{ij}) = f(ki(t-1), kj(t-1))$$

$$= \begin{cases} a, & \dfrac{ki(t-1)}{k\max(t-1)} > T \quad \text{且} \quad \dfrac{kj(t-1)}{k\max(t-1)} > T \\ b, & \dfrac{ki(t-1)}{k\max(t-1)} \leqslant T \quad \text{或} \quad \dfrac{kj(t-1)}{k\max(t-1)} \leqslant T \end{cases} \tag{9.14}$$

其中, T、a、b 是预设参数, 取值范围为 $0 \leqslant b < a \leqslant 1$, $0 < T \leqslant 1$, $k\max(t-1)$ 是 $t-1$ 时刻网络中的最大度。为了简单起见, 在以下 HADGM 网络中我们这里取 $T = 0.5$。因此, 这里我们选取 $a > b$, 则网络中的 Hub 节点比非 Hub 节点具有更高的连接概率。我们甚至可以选取 $a = 1$, 使得所有 Hub 节点直接相连, 如图 9.12(b) 所示。

(2) 盒子内边增长方法。由于大部分实际网络具有聚类特性, 即有一些内部具有高密度的边连接的模块[2]。而 DGM 模型生成的网络为树状结构, 不具有聚类特性, 聚类系数为 0。因此, 如图 9.12(a) 中 $t = 1$ 时刻盒子内的节点增长方法, 在动态增长过程的每个时间步中, 我们在节点增长阶段完成后使用了盒子中的边增长方法。例如, 在 t 时刻, 我们在每个盒子中增加了 $\tilde{k}(t-1)$ 条边。因此, 整个网络中增加了 $2\tilde{K}(t-1)$ 条边, $\tilde{K}(t)$ 是 t 时刻网络中边的总数。这个方法并不影响网络的分形性和无标度性, 但是增加了网络的度相关性。具体我们将在后面证明。

1. 模型的数学框架

为了度量 HADGM 网络的特性, 我们使用了如下所示的数学框架:

$$
\begin{aligned}
\tilde{N}(t) &\approx (2m+3)\tilde{N}(t-1) \quad t > 1 \\
\tilde{k}(t) &= (m+\bar{e})\tilde{k}(t-1) \\
\tilde{L}(t) &= (3-2\bar{e})\tilde{L}(t-1) + 2\bar{e}
\end{aligned}
\tag{9.15}
$$

其中, $\tilde{N}(t)$ 是 t 时刻网络中所有节点数量; $\tilde{k}(t)$ 是 t 时刻各盒子中最大的度数; $\tilde{L}(t)$ 是 t 时刻网络的直径; $\bar{e}$ 是可变概率 e 的平均值。$\bar{e}$ 可以表示为

$$
\bar{e} = aP\left(E \mid \frac{k_i}{k_{\max}} > T \cap \frac{k_j}{k_{\max}} > T\right) + bP\left(E \mid \frac{k_i}{k_{\max}} \leqslant T \cup \frac{k_j}{k_{\max}} \leqslant T\right)
\tag{9.16}
$$

其中, E 为连接节点 i 和 j 的边, 这两个节点的度分别为 k_i 和 k_j; $P(.)$ 为事件发生的概率。下面详细介绍该数学框架的推导过程。

根据 HADGM 模型, 对每个在 t 时刻具有度数 k 的节点, 在 $t+1$ 时刻将有 $mk(t)$ 个新节点生成。因此可得

$$
\tilde{N}(t+1) = \tilde{N}(t) + 2m\tilde{K}(t)
\tag{9.17}
$$

其中, $\tilde{K}(t)$ 是 t 时刻网络中所有的边的数量。

在 $t+1$ 时刻, 在可变概率增长阶段我们在网络中加入了 $(2m+1)\tilde{K}(t)$ 条边, 然后在盒子内边增长阶段我们加入了 $2\tilde{K}(t)$ 条边。因此可得

$$
\tilde{K}(t+1) = (2m+3)\tilde{K}(t)
\tag{9.18}
$$

联合式 (9.17) 和式 (9.18) 可得

$$\tilde{N}(t) = \tilde{N}(0) + m\tilde{K}(0)\frac{(2m+3)^t - 1}{m+1} \tag{9.19}$$

由于 $\tilde{N}(t) \gg \tilde{N}(0)$，在 $t > 1$ 上我们可得 $\tilde{N}(t) \approx (2m+3)\tilde{N}(t-1)$。

下面我们考察随着时间演化节点的度增长。对于模型 I，我们可得 $\tilde{k}(t) = (m+1)\tilde{k}(t-1)$；对于模型 II，我们可得 $\tilde{k}(t) = m\tilde{k}(t-1)$。由此，根据概率 $\bar{e}$ 混合模型 I 和模型 II，我们得到 $\tilde{k}(t) = (m+\bar{e})\tilde{k}(t-1)$。

我们再考察随着时间演化网络直径的增长。对于模型 I，我们可得 $\tilde{L}(t) = \tilde{L}(t-1) + 2$；对于模型 II，我们可得 $\tilde{L}(t) = 3\tilde{L}(t-1)$。由此，根据概率 $\bar{e}$ 混合模型 I 和模型 II，我们得到 $\tilde{L}(t) = (3-2\bar{e})\tilde{L}(t-1) + 2\bar{e}$。

2. 模型生成网络的特征分析

这里，我们将通过实验的方式对 HADGM 网络的各项特征进行分析。

1) HADGM 的分形性分析

HADGM 网络以反重整化过程进行动态演化。每个 $t-1$ 时刻的节点都会在 t 时刻增长为一个虚拟的盒子，因此根据式 (9.17) 我们得到

$$\tilde{N}(t_1)/\tilde{N}(t_2) = N_B(\ell_B)/N = (2m+3)^{t_1 - t_2}$$

同样可得，

$$(\tilde{L}(t_2) + L_0)/(\tilde{L}(t_1) + L_0) = \ell_B + L_0 = (3-2\bar{e})^{t_2 - t_1}$$

其中，L_0 是初始网络直径。因此，代入式 (9.15) 并且替换掉时间间隔 $t_2 - t_1$，我们得到分形维度 d_B 为

$$d_B \approx \frac{\ln(2m+3)}{\ln(3-2\bar{e})} \tag{9.20}$$

图 9.13(a) 展示不同参数 b 的 HADGM 网络的 $N_B(\ell_B)$ 对比 ℓ_B 的 Log-Log 图，$b = 0.5$ 和 $b = 0.7$ 的 HADGM 网络表现出分形性，而 $b = 0.9$ 的网络为非分形网络；图 9.13(b) 展示三张不同网络的分形性对比。其中，HADGM 为分形网络，参数为 $a = 1$，$b = 0.5$；DGM 网络为非分形网络，参数为 $e = 1$；HADGM 为非分形网络，参数为 $a = 0.9$，$b = 1$。

根据式 (9.20)，如果要保持分形性，d_B 必须为有限数，那么就有 $3 - 2\bar{e} > 1$。因此，要保持分形性，根据式 (9.15)，由于 $3 - 2\bar{e} > 1$，则网络直径 $\tilde{L}(t)$ 随着时间发展呈指数增长。而 $3 - 2\bar{e} = 1$ 时，网络直径随时间呈线性增长，则网络不能涌现出分形特征。因此，由于分形网络的网络直径 $\tilde{L}(t)$ 随着时间发展呈指数增长的特性，我们认为分形网络中存在一个结构均衡的状态。

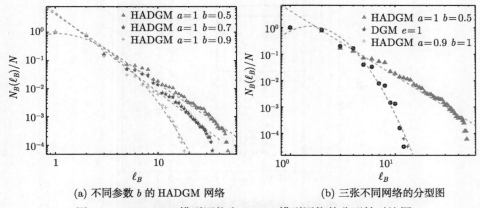

(a) 不同参数 b 的 HADGM 网络　　　　　(b) 三张不同网络的分型图

图 9.13　HADGM 模型网络和 DGM 模型网络的分形性对比图

　　网络的 Hub 吸引和边界增长是一对反作用力,相互作用来维持分形网络的结构均衡状态。Hub 吸引会导致网络直径的急剧下降,而网络边界的增长也会导致网络的直径快速增长。在 HADGM 模型中,Hub 吸引的程度可以用参数 a 的值来度量,而边界增长的程度可以用参数 b 的值来表示。如果我们使用很强的 Hub 吸引参数,如 $a=1$,那么从分形到非分形的相变过程将由边界增长参数 b 来决定。相反,如果我们使用非常弱的边界增长参数,如 $b=1$,那么相变过程将由 Hub 吸引参数 a 的值来决定。

　　为了展示网络的分形性,我们使用盒子覆盖算法 [180, 183] 来分析 HADGM 网络。我们这里采用不同的参数 b 进行分析,如图 9.13(a) 所示,结果显示,当 $b=0.5$ 和 $b=0.7$ 时,HADGM 网络为分形网络,而 $b=0.9$ 时,HADGM 网络为非分形网络。根据式 (9.20),如果 $\bar{e} \to 1$,则有 $d_B \to \infty$,使得 HADGM 网络变成非分形网络。由于我们这里选择 $a=1$,根据式 (9.16),我们可能会认为当 $b \to 1$ 时,HADGM 网络才会变成非分形网络。实际上,当 $b \to 0.9$ 时,网络就已经开始变成非分形了。因此,我们分析了当 a 固定时,分形维度 d_B 与 b 的关系。如图 9.14 所示,当 $b < 0.9$ 时,两组 HADGM 网络 ($m=2$ 和 $m=3$) 的分形维度 d_B 随着参数 b 呈幂律平稳增长,过了 $b=0.9$ 之后,d_B 开始突然呈指数上升。在这一点上,很强的 Hub 吸引 ($a=1$) 和弱的边界增长 ($b=0.9$),HADGM 网络的结构均衡被打破,导致网络从分形到非分形的相变。并且,我们也展示了 Hub 排斥的网络也可以是非分形网络,如果该网络具有非常弱的边界增长。如图 9.13(b) 所示,对于参数为 $a=0.9$,$b=1$ 和 $m=2$ 的 HADGM 网络,盒子数量与盒子大小呈指数衰减,网络表现出非分形性。为了保证结果的准确性,以上的实验结果我们都重复了 20 次取平均值。

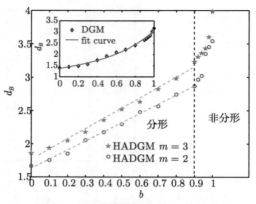

图 9.14   分形维度与参数 b 的关系

我们采用两组 $a = 1$ 的 HADGM 网络，分别采用 $m = 2$ 和 $m = 3$。图 9.14 中显示 DGM 网络中分形维度 d_B 随着 e 呈指数增长。

2) HADGM 网络的无标度性分析

节点度 $\tilde{k}(t)$ 和节点数量 N 根据式 (9.15) 递归增长，因此确定，HADGM 网络的度的分布服从幂律。结果如图 9.15 所示，不同参数 b 的 HADGM 网络表现出清晰的带重尾的幂律分布。由于具有不同的平均概率参数 $\bar{e}$，图中两个 HADGM 网络的幂律曲线具有不同的斜率。

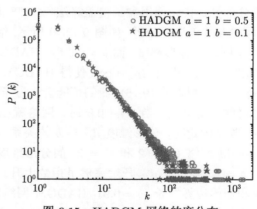

图 9.15   HADGM 网络的度分布

图 9.15 中两个网络具有相同的参数 $a = 1$, $T = 0.5$ 以及 $m = 2$, 而不同的参数分别为 $b = 0.5$ (灰) 和 $b = 0.1$ (黑)。

3) HADGM 网络的度相关性分析

当前的研究 [14] 认为分形网络倾向于节点度不相关性，而非分形网络倾向于节点度相关性。该研究通过对比不同网络的相关性强度得到以上结论。例如，非分形的 DGM 模型 ($e = 1$) 比分形的 DGM 模型 ($e = 0.8$) 具有更强的相关性。但是，我们的比较结果表明分形的 HADGM 模型比非分形的 DGM 模型 ($e = 1$) 具有更强的相关性。因此，对于断言"Hub 排斥导致分形性"，我们得到了不同的结果。

相关性表明了相关网络的拓扑属性，它由等式 $R(k_1, k_2) = P(k_1, k_2)/P_r(k_1, k_2)$ 来量化 [199]。给定一个网络 G，定义 $P(k_1, k_2)$ 为找到一个度数为 k_1 的节点连接到度数为 k_2 节点的联合概率。定义 $P_r(k_1, k_2)$ 为网络 G 的空模型 G'(null model) 的联合概率。空模型 G' 为对网络 G 的所有边随机重连，但保持度分布不变。我们比较了分形 HADGM 网络 ($a = 1, b = 0.5$) 与非分形 DGM 网络 ($e = 1$) 以及万维网 (WWW) [4] 的相关性。如图 9.16 所示，RHADGM(k_1, k_2)/RDGM(k_1, k_2) 和 RHADGM(k_1, k_2)/RWWW(k_1, k_2) 的绘图表明，分形的 HADGM 网络 ($a = 1, b = 0.5$) 比分形的万维网以及非分形的 DGM 网络 ($e = 1$) 都具有更强的 Hub 吸引性。

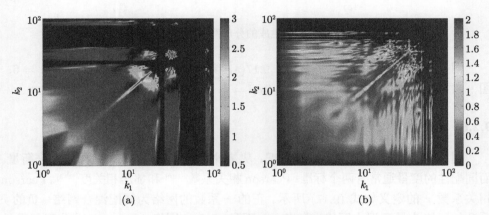

图 9.16   相关性对比 (后附彩图)

图 9.16 中不同的颜色代表相关性的值，红色 (彩图下为红色，灰度图下为白色) 表示更高的相关性。HADGM 网络在高度数节点之间比另外两个网络表现出更强的相关性。图 9.16(a) 对比 HADGM 网络 (分形网络，参数为 $a = 1$，$b = 0.5$) 和 DGM 网络 (非分形，参数 $e = 1$) 的相关性 RHADGM(k_1, k_2)/RDGM(k_1, k_2)；图 9.16(b) 对比 HADGM 网络 (分形网络，参数为 $a = 1, b = 0.5$) 和万维网 (WWW) 的相关性 RHADGM(k_1, k_2)/RWWW(k_1, k_2)。

9.2.5   优化模型所得到网络的性质分析

在 9.2.4 节中，本书介绍了可以生成分形无标度并具有 Hub 聚集行为的网络的优化模型。该模型通过设置最优化的目标让网络自动演化，演化到一定的程度，可以得到各种不同特征的网络。这个模型有两个优化目标：最小化所有节点度的总和,并且最大化所有边度的总和。大量实验结果表明,只要设置较大的平均最短距离,这个优化模型能够生成分形无标度的网络。如图 9.17 所示,这里展示了两个优化模型生成的分形网络,为了展示该网络的自相似性,我们采用了重整化过程缩小网络。直观上看,这两个网络都具有 Hub 聚集的特性。

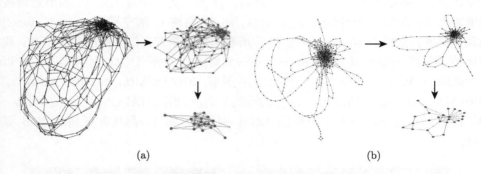

$$(a) \qquad\qquad\qquad (b)$$

图 9.17　优化模型生成的分形网络及其重整化过程

图 9.17 盒子大小为 $\ell_B = 3$。图 9.17(a) 参数为 $N = 300$,$x\min = 3$,$\bar{\ell} = 6$;图 9.17(b) 参数为 $N = 300$,$x\min = 2$,$\bar{\ell} = 7$。

9.2.6　网络的同配性分析

网络的 Hub 节点之间的连接情况,从某种程度上来说,可以由同配性来衡量。而同配性的度量通常有两个标准:Pearson 相关系数 [166] 和邻居相关度 [188]。Pearson 相关系数 r 的定义如式 (9.11) 所示。正的 r 系数的网络为同配混合网络,负的 r 系数的网络为异配混合网络。如表 9.3 所示,DGM 网络 $(e = 1)$ 为非分形但是异配,HADGM 网络 $(a = 1, b = 0.5)$ 为分形且为异配。这里我们选择了一个优化模型生成的分形无标度网络进行对比,参数为:节点数量 $N = 1500$,$x\min = 2$,$m = 0$,$n = 1$,$\bar{\ell} = 40$,该优化网络为分形且为同配。而实际网络 AS 层的 Internet 网络 [200] 为非分形且为异配。另外,演员合作网络也具有同配性,其 $r = 0.204$,同时该网络已被论文 [13] 证明具有分形性,分形维度为 $d_B = 6.3$。

表 9.3　分形性和同异配型分析

网络	N	r	分形性	异配性
DGM $e = 1$	781 245	$-0.034\ 7$	NO	YES
HADGM $a = 1, b = 0.5$	784 325	$-0.034\ 4$	YES	YES for $k < 100$
Optimization Network	1 500	0.835 4	YES	NO
The Internet	22 963	-0.198	NO	YES
Actor	520 223	0.204	YES	NO

我们还分析了以上网络的各节点的平均邻居相关度 $<knn>$。$<knn>$ 定义为：$<knn>=\sum\limits_{k'}k'P(k'|k)$，其中 $P(k'|k)$ 为有一条边从度数为 k 的节点连接到度数 k' 的节点的条件概率[188]。如果 $<knn>$ 的曲线的斜率为正，则网络是同配混合，表示高度数节点倾向于连接到高度数节点。反之，$<knn>$ 的曲线斜率为负，则网络为异配混合。

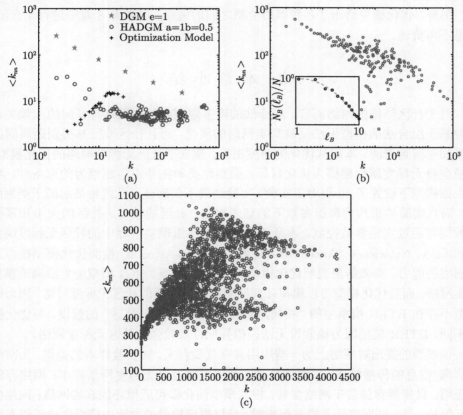

图 9.18　网络的邻域连通度

在图 9.18 中，图 9.18(a) 展示了 DGM 网络 ($e=1$)，HADGM 网络以及优化网络的邻域连通度。图 9.18(b) 展示了 Internet 网络的邻域连通度。内部插图显示了 Internet 网络的非分形性。图 9.18(c) 展示了演员合作网络的邻域连通度，表现出了同配混合性。

如图 9.18(a) 所示，分形的优化网络是同配的，非分形 DGM 网络 ($e=1$) 为异配混合。还有分形的 HADGM 网络 ($a=1,b=0.5$)，在度数较小节点区域 (即 $k<100$) 为异配，而在高度数节点区域为同配。如图 9.18(b) 所示，Internet 网络表

现出明显的异配和非分形性。而且,如图 9.18(c) 所示,演员合作网络表现出同配性。因此,DGM 网络 ($e = 1$)、优化网络、Internet 网络以及演员合作网络都表现为以前猜想"分形网络为异配"的反例。而且,HADGM 网络 ($a = 1, b = 0.5$) 具有比 DMG 网络 ($e = 1$) 更强的相关性,但是 DMG 网络 ($e = 1$) 为非分形而 HADGM 网络 ($a = 1, b = 0.5$) 为分形。总而言之,我们的结果表明网络的分形性与网络的异配性质是两个独立的特性。

另外,优化模型给出了各种网络类型之间的关系,已在第 8 章中进行了介绍,这里不再赘述。

9.3 本 章 小 结

对于社区结构的网络而言,组合法的诸多限制条件和网络特征间的依赖关系使得基于组合法的模型无法反映真实网络的演化,而且社区特征与类别距离间的关系尚未得到澄清。本章从优化的角度出发,建立了社区无标度网络的优化模型,该模型将无标度属性建模为优化目标,类别距离和拓扑距离建模为约束条件。我们在该模型下设置了 10 组对照实验,实验结果不仅确证了社区特征起源于类别距离,而且实验结果均为每组参数下的理想网络;社区的数目、社区的大小和幂律指数均可通过实验参数控制。本章还设置另外 4 组现实世界中的社区无标度网络 (Polbooks、Netscience、Arxiv GR-QC 和 Arxiv ca-AstroPh) 检测优化模型模拟真实网络的能力,实验结果表明优化模型比 BTER 模型、SKG 模型能更准确地模拟真实网络。而且优化模型可以模拟任何同配或异配性质的社区无标度网络,因为该模型不存在 BTER 模型中的"相同/相似度的节点在同一社区"的假设。与优化模型不同,BTER 模型因为该假设无法模拟异配性质较强的社区无标度网络。

该模型的提出对网络上的一些应用具有重要意义。如实验样本的提供,为网络上病毒/信息的传播算法、网络的抗攻击性等提供社区无标度网络样本;网络存储的压缩,只需要存储若干网络参数,根据模型演化即可近似还原真实网络;网络的隐私保护,当一些网络涉及隐私保护时,可以根据提供的参数由模型生成近似真实网络的仿真网络,通过研究仿真网络以保护网络的隐私信息。该模型的提出也带来相关的思考,如何定义类别距离为更复杂的函数形式以更符合真实情况;能否基于优化理论和类别距离挖掘社区特征;该优化模型能否改进,进而模拟具有重叠社区特征的网络,这些问题也是未来待研究的课题。

对于分形网络而言,本章提出了一种新的动态增长模型 HADGM,该模型能生成 Hub 吸引的分形网络。我们使用了跨盒子边的可变概率机制以及盒子内边增长方法来得到该模型。今后的工作可以考虑通过使用不同的可变概率 e,以及不同的盒子内增长方式提出新的模型。

　　在复杂网络领域，科学家提出了许多种不同的分形维度的定义。例如，基于遍历理论的相关维度 [174, 175]、由平均密度表示的分形维度 [172, 173] 等。用以上不同的定义来覆盖网络，由于网络的拓扑性质的不同，可能会得到不同的分形维度的值。然而，对于确定某个网络是否为分形网络，得到的结果基本是一致的。我们这里只讨论分形的涌现性，所以分形维度的不同的定义，对于我们所得出的结论没有影响。另外，有一个有趣的研究工作，利用涨落分析法来度量复杂网络中的长程相关性 [201]。该文献的结果显示分形网络的涨落函数表现出幂律特性。值得一提的是，我们这里所定义的参数 a 和 b 只控制邻居节点之间的吸引或排斥概率，并没有完全考虑到长程关联性。因此，我们认为，要了解分形涌现的本质，在今后的工作中，可能需要考虑到节点之间的长程关联性。

第六篇

总结与展望

第10章　总结与展望

复杂网络就是世界。

我们所处的世界是一个非常复杂的系统,从不同的角度看,可以划分为诸多的复杂系统。一种重要的划分方式是依层次划分,在分子层次上,不同的分子之间发生着纷纭复杂的化学反应和物理碰撞,典型的如蛋白质、DNA 和 RNA 之间复杂的关系;在个体层次上,不同种类的生物通过捕食、寄生、共生等方式争取生存空间;在社会层次上,人们通过合作、竞争甚至战争等方式塑造社会结构;在人类创造物层次上,互联网、Web 等通过互联引用等方式改变人类生活。

当我们从微观层次去研究巨大的复杂系统中的规律时,因为其千丝万缕的联系,很难获得全局性知识。复杂网络通过将复杂系统的复杂关系约简为图,或者说,用图的方式为复杂系统建模,从而为获得全局性知识提供了一条途径,也为从全局的角度研究系统的演化提供了新方法。

复杂网络是复杂系统的抛象,复杂网络的结构影响了复杂网络上各种动力学的行为,导致了复杂网络所表示的复杂系统的各种演化现象;同时,复杂系统的演化必然也含带守真组成成分之间关系的变化,也就是复杂网络的结构变化,复杂网络的结构与复杂网络的溶化是相辅相成,和谐共生的。

10.1　总　　　结

复杂网络由边和节点构成,因此,复杂网络的结构之关键在于其重要的节点以及重要节点与重要的边所组成的骨干网络。在无标度网络中。部分网络令形成明显的层次的构。本书研究了网络的层次性与网络演化之间的关系。复杂网络的动力学与网络结构形成之间存在紧密的联系。本书研究了复杂网络在网络攻击下的性质。另外,本书从优化溶化的角度研究了多子中复杂网络的建模,将复杂网络的结构形成与优化目标下的演化联系在了一起。

1. 复杂网络的重要节点

当前的研究者已经基于节点属性的不同方面提出了数十种互相竞争的、各有侧重的但存在冲突的度量指标,也使用 PageRank、HITS 这样的算法来计算节点重要性。但是,这些指标和算法的结果各不相同,也缺乏比较算法的优劣的方法。本书建立了一个框架以用于算法性能之间的比较。本书希望从公理化方法的角度展开研究，建议了 5 个规则来度量节点重要性，并引入源于占优关系的等价类算法聚合五个规则得到的节点序位将节点归类成偏序序列。这一偏序序列体现了 5 个规则的总体特征，因此可以用于作为其他算法的基准，以衡量算法对这些规则的总体符合程度。由此，本书定义了新的算法效能度量指数。本书通过实验展示了使用等价类算法评价实际网络中节点的重要性，并计算了 PageRank、HITS 算法的效能。蛋白质代谢网络/海豚网络/Zachary 俱乐部网络被使用作为实验例子。实验结果显示，我们的框架能用于评价算法的性能。本书还研究了拓扑势方法，并研究了将它应用到节点重要性排序方面的效果。

2. 复杂网络的骨干

本书研究了骨干网络。本部分的工作包括以下 4 个部分。

(1) 骨干网络的定义和度量标准。当前的研究者并没有给出确定的骨干网络的定义和度量标准。受交通网络的启发，本书给出了骨干网络的定义，并提出了基于距离代价的骨干网络度量方法。

(2) 利用等价类算法和拓扑势方法，得到了在不同规模下的骨干网络，并比较了算法的效果。

(3) 很多具有无标度属性的网络具有层次性，或者隐树结构，因此得到具有层次性的骨干网络便于从层次上总体理解整个网络。基于等价类算法的层次性，研究了不同层次下的骨干网络。将该提取算法应用到了 Web 服务网络和 Internet 的研究中。

(4) 基于一个直觉的假设，即网络中最重要的节点如果不能连通组成骨干网络则网络会分裂，研究了蛋白质代谢网络、海豚网络和 Zachary 俱乐部网络的分裂条件，结果表明蛋白质代谢网络和海豚网络不会分裂而 Zachary 俱乐部网络会分裂。并进一步研究了它们的反例，结果表明：对于蛋白质代谢网络，9 号节点的失去能引起分裂；对于海豚网络，37 号节点的失去会导致网络的分裂；对于 Zachary 俱乐部网络，34 号节点和 1 号节点的友谊关系可保持网络完整。该假设在正例和反例上都符合观察的结果。这表明骨干网络和网络的演化之间具有比较强的联系。

3. 复杂网络的层次与演化

本书研究了 Web 网络和财富分布的演化机制。该部分的工作包括以下 4 个部分。

(1) Web 网络的演化机制。当前的研究者已经提出了数以百计的关于复杂网络中幂律分布的起源或者网络的演化规律的论文。其中最广为接受的是 BA 模型，其机制为偏好连接。本书经过考究其机制，提出偏好连接来源于马太效应，实际上是一种从现象到现象的解释，这样的解释需要更基础的事实依据。Web 网页设计中有如下常识知识：网页应当被按树形结构组织以符合人类认知习惯，应当将网页设计成可回溯的方式以利于提升用户体验。基于这些常识，本书提出网页中存在隐树结构，当一个节点链接到另外一个节点时，源网页也应当链接到从源节点到目标节点在隐树中的最短路径上的每一个节点；基于这样的规则，即将隐树结构引入 Erdős 和 Rényi 的模型，建立了解释 Web 链接的度分布的隐树结构模型。从该模型的仿真结果看，该模型能兼容小世界模型以及超小世界模型，鲁棒地生成具有幂律分布的图，克服了 BA 模型的全局信息假设等，也能解释 BA 模型不能解释的现象。

隐树模型和 BA 模型最大的不同点在于：BA 模型是从时间维度出发，而隐树模型是从空间维度出发。

(2) 财富分布的演化机制。考虑到社会中存在隐树结构，本书也将该模型推广到解释财富分布问题。

(3) 本书还研究了在节点具有角色类型以及隐树结构重叠的情形下度或财富分布的情形，结果表明，均得到幂律分布。

(4) 本书从理论上计算了隐树模型的幂指数。

4. 复杂网络的抗攻击性

本书研究了复杂网络在节点攻击下的鲁棒性。这方面的工作主要包括以下 3 个部分。

(1) 考虑攻击代价条件下，无标度网络在选择性攻击下的鲁棒性。对于无标度网络而言，经典理论认为其在选择性节点攻击下脆弱，在随机攻击下鲁棒。本书认为：这一结论的前提是"攻击每个节点付出的代价相同"，或者说是"节点的边的重要性并不相同，度大的节点的边的重要性较小"。当考虑攻击代价以后，有些无标度网络在选择性攻击下表现出了非常强的鲁棒性。

(2) 考虑攻击代价条件下，无标度网络在选择性攻击下的鲁棒性产生的原因。经过理论证明和试验对照，本书得到了鲁棒性与网络的紧致性和平均度有关。

(3) 将选择性节点攻击下无标度网络鲁棒性的原因推广到其他网络类型。结果表明：对各种类型的网络，选择性节点攻击下的鲁棒性与紧致性与平均度有关。

本书还研究了复杂网络在边攻击下的鲁棒性。这方面的工作主要包括以下 3 个部分。

(1) 边攻击和节点攻击的一致性。从图论出发，人们普遍认为，节点攻击可以用边攻击来模拟。也就是说，节点攻击可以转换成边攻击，节点攻击下的科学结论应该和边攻击下的科学结论相一致。在"一致性原则"下，本书对边攻击下的各种类型网络的鲁棒性进行了研究。

(2) 提出了一种度量复杂网络在边攻击下鲁棒性的度量指标。该指标也能够应用到度量节点攻击条件下的网络鲁棒性。该指标将不确定程度降低作为一个考虑的目标，从而提高了指标在适应到节点攻击时的精度。

(3) 对各种类型复杂网络在边攻击下的鲁棒性进行了研究。研究表明：鲁棒性与紧致性和平均度有关。

5. 复杂网络的优化建模

复杂网络每种特性都具有演化机制，但依据奥卡姆剃刀原则，其机制应当统一。本部分研究了通过优化建模的方法来消解演化机制之间的冲突，主要工作包括以下 3 个部分。

(1) 将复杂网络的类型 (特性) 与复杂网络最基础的度量指标度、边度、最短平均距离通过多目标优化联系起来，即用多目标优化问题为复杂网络的特性建模。在这个模型下，理论证明和实验验证了该模型能够生成无标度、小世界、超小世界、规则、分形、Delta 分布、随机、社区结构等类型的网络。

(2) 澄清了复杂网络多种特性之间的关系。基于多目标优化方法将各种网络特性刻画出来以后，网络之间的关系可以被转换成多目标优化问题中参数之间的关系。因此，得出了各种特性能够形成谱线的结论。

(3) 对社区无标度网络和分形网络进行了深入研究，得出了一些与传统观念不同的结论。

10.2　对复杂网络的新理解

本书的研究得到了一些新的结论，带来了新的理解。主要有以下几点。

1. 节点重要性的度量标准

节点重要性的度量标准很难统一。从理论上讲，不可能存在一个单一的公认的重要性度量。这一点，可以通过 Arrow 不可能定理来阐明。也就是说，在讨论复杂网络中节点重要性的时候，需要区分不同的场景，即预设讨论的前提。

从不同的视角去看，网络中节点的重要性各不相同。正是视角的不同，导致了判断节点重要性程度上出现了冲突。这样的冲突，可以使用多目标优化中的非占优集的概念来解决。换句话说，在混合场景 (多个预设前提) 的情形下，如何讨论节点的重要性，则可以借鉴多目标优化中的概念和方法来处理。

2. 骨干网络的连通性与网络的分裂

由于复杂网络是复杂系统的简化，从复杂网络分裂的角度来反向推断复杂系统的行为存在较大的困难。但网络如何分裂对理解人类社会中的战争起源还是具有很强的启发价值。

现有的通过等价类算法对几个已经深入研究过的网络进行了分析，从中可以发现骨干网络的连通性与网络分裂的相关性非常高。例如，在 Zachary 俱乐部网络中,当获得的骨干网络不连通时网络分裂,连通时网络不分裂;如果随机获取节点作为骨干网络来匹配这个现象的话,正确率远低于百亿分之一。在海豚网络中,等价类算法获得的骨干网络也和实际现象之间完全吻合,在随机情形下,不可能出现这样的结果。

这些结果提示我们,也许可以通过骨干网络的连通性来预判复杂系统中的分裂行为。

3. 无标度网络的层次演化与财富分布

BA 模型将度分布呈现无标度特征归因于时间维度的演化,或者说累积优势。通过空间维度上的级联控制,也可以解释度分布呈现无标度特征的现象。

无标度网络可能既有时间维度演化的因素,也有空间演化的因素。时间维度上产生的累积优势可以转换成空间维度上的级联控制,而空间维度上的级联控制也可能转换成时间维度上的累积优势。

空间维度上的级联控制还可以用来解释财富不平等分布的起源。此时,空间维度上的级联控制可以和劳动分工联系起来,也就是说,劳动分工也是财富不平等分布的原因。从而,可以逻辑地得到,建立平均社会在经济上是不可能的,因为必然意味着放弃劳动分工所产生的巨大的工作效率。

时间维度上的财富分布解释也意味着:创造财富实际上往往是建立一个人际协助的结构,结构的变迁意味着财富的创生和湮灭。

4. 无标度网络的抗攻击性与节点攻击代价

对无标度网络的抗攻击性,有一个著名的论断:无标度网络在选择性攻击下脆弱,在随机攻击下鲁棒,即鲁棒性与脆弱性并存。该结论有两个隐含的前提:① 在选择性攻击时,不考虑边的代价,或者说边度是边所连接节点中较大度值的倒数,即连接重要节点的边不重要。② 该结论只针对无向图。如果将无向图转换成双向图后,其选择性攻击可以描述为:从重要节点开始,删除其所有出度,但是将入度边已经被删除的出度边保留,最后得到一个只有一半边的图。从这段描述里面可以看出,在无向图的情形下,删除一条边的时候,对两个节点的连通性产生了影响。

当考虑边的代价 (节点攻击代价) 以后,无标度网络在选择性节点攻击会出现不同的行为。紧致度高的网络比紧致度低的网络鲁棒性好,平均度高的网络比平均度低的网络鲁棒性好。

5. 复杂网络的抗攻击性与节点攻击代价

无标度网络在考虑节点攻击代价情形的鲁棒性可以被推广到其他类型的复杂网络上。本书针对不同类型的网络进行了抗攻击性实验,实验结果都显示:在有代价节点攻击的情形下，紧致度高的网络比紧致度低的网络鲁棒性好，平均度高的网络比平均度低的网络鲁棒性好。

紧致性和平均度是复杂网络在有代价节点攻击情形下鲁棒性的两个决定性因素。

6. 复杂网络的边攻击与节点攻击

复杂网络的节点攻击和边攻击之间存在着密切的联系。节点攻击可以转换成边攻击，而边攻击不一定能够转换成节点攻击。

在节点攻击转换成边攻击时，存在攻击代价的确定问题，这影响了复杂网络鲁棒性强弱的判定。在本书中，使用了插值方法来弥合节点攻击和边攻击之间转化时鲁棒性判定的差距。

7. 复杂网络的演化机制与优化

复杂网络的演化规则不同，生成的网络就具有不同的特性。对于当前所发现的复杂网络的每种特性，都存在不同的机制解释。

如何让这些机制解释能够满足"简单"的美学原则就成为一个问题。本书将复杂网络的演化建模成多目标优化问题的求解，从而将多种复杂网络的特性归因于"终极因"——优化。在"优化"这一统一的解释下，各种机制得以兼容并存。

8. 社区网络的起因

现有的研究较少谈及社区网络的起源。本书的研究证实：社区网络的起源应当考虑类别距离。类别距离和拓扑距离不同，是一种本质性属性上的不同导致的距离，而拓扑距离仅是图上的最短路径长度表现出来的距离。类别距离是社区网络的起因，而拓扑距离则是社区网络的表现。

9. 分形网络的演化机制

有研究曾得出结论：分形网络起源于 Hub 节点之间的排斥。通过优化模型可以得出：分形性与 Hub 节点之间的排斥无关。因为在 Hub 聚集的情形下也能得到分形网络。

匡立等的后续研究找到了前人研究中的隐含假设，并证明该隐含假设并非必要，从而完整地解构了分形性与 Hub 节点排斥之间的联系。

10. 网络分形性与异/同配性

有研究曾得出结论，网络分形性与异/同配性之间存在紧密的关系。这些研究均或多或少地依赖于分形性与 Hub 节点之间的排斥有关这一结论。

依据模型所生成的几个分形网络，本书用反例法证实：网络分形性与异/同配性之间无关。

11. 各种网络类型之间的关系

当要探索各种网络特性之间的关系时，需要将这些特性归属到统一的模型下。正是由于本书将各种特性归结到优化上，模型所蕴含的各种特性之间的关系得以对应到不同的参数上。根据参数，就可以得出各种特性之间的关系了。

从本书的研究可以得出，复杂网络的特性形成一个谱，具体如下。

(1) 网络在平均最短路径长度 c 为合适值时，网络的度分布服从幂律分布。

(2) 当 c 较小时，为紧致无标度网络。

(3) 当 c 较大时，为分形无标度网络。

(4) 当 c 过小时，度分布服从 Delta 分布。当 $c=1$ 时，成为全连通图。

(5) 当 c 过大时，网络介于分形无标度网络和线性规则网络之间。当 c 为最大值，变成线性规则网络。

(6) 社区结构的无标度网络并非模型的解。

(7) 社区结构的无标度网络需要对模型做出修改，不仅是拓扑距离，还需要加入物理距离的考虑。

(8) 小世界网络只有在 $x\min = 1$ 时成立，当 $x\min$ 更大时，无标度网络是超小世界的。

(9) 平均最短路径 c 实际上是上述网络的谱线，即通过谱线就可以确定网络的类型。

(10) $a = 0$、$b = 0$、c 为合适值时，随机网络也是模型的解。

(11) $a = 0$、$b = 0$、c 较小时，Delta 分布的网络是模型的解。当 $c=1$ 时，成为全连通图。

(12) $a = 0$、$b = 0$、c 较大时，Zipf 分布的网络可能是模型的解。当 c 为最大值，变成线性规则网络。

复杂网络各特性的谱线图表明：小世界网络的 WS 模型是一种特殊情形，刻画了在指数度分布、较高聚集系数、$x\min$ 在一定范围内具有较小网络尺寸的网络结构。

10.3　展　　望

复杂网络的研究还在迅猛发展的过程中，每天都会发表很多有意义的结果。本书针对几个比较典型的问题进行了研究，得出了一些有趣的结论，但还是有很多地方不够深入，或者还没有涉及，这里只能简要地讨论一下本书关心的话题。

1. 复杂网络的过度约简带来的困扰

复杂网络是复杂系统的简化。在复杂网络中得到的结果必须代回到复杂系统中进行检验。然而，作者担心复杂网络有可能过分约简了复杂系统，导致其结果难以获得足够的预测性。

2. 节点重要性与网络抗攻击性

节点的重要性取决于度量规则，如度、接近度和介数。在复杂网络的抗攻击性研究中，选择性节点攻击依赖于节点的重要性排序。那么，是否可以反过来利用抗攻击性来定义节点的重要性，也就是说，让网络性能 (巨组件大小) 下降最快的节点序列就是节点的重要性排序序列。

根据现有网络抗攻击性研究的结果来看，采用这种方式来定义节点重要性会带来比较大的不确定性。例如，在 $x \min = 1$ 的紧致网络中，优先对边缘节点进行删除，可能造成两个及以上节点的删除，此时，相对于删除网络的中心节点导致只能有一个节点被删除效果要好。可以预料，在很多网络中，少数几条边的变化就有可能导致一个巨大网络的重要节点序列被大幅度打乱。

当然，采用抗攻击性的方法反向定义节点重要性难以逾越的障碍是：重要节点之间的边比非重要节点之间的边更为不重要。这一点很难和复杂网络中其他研究所暗含的假设相容。

3. 网络稳定性与无标度起因

复杂网络的稳定性是否是无标度网络的起因，这是作者在研究中想弄清楚的一个问题。

在复杂网络中如何定义稳定性，是一个困难的问题。

4. 动态条件复杂网络的演化模式或性质

动态条件下复杂网络的演化模式或性质是一个引人关注的问题。大复杂系统的稳定性是一个非常重要的问题，已经困扰科学界三十多年。关于幂律分布的新的观点有助于为这一问题找到新的路径，这也将是一个有趣的问题。在演化博弈论领域，研究者探讨了复杂网络上的博弈行为。按照社会选择理论，实际上这样的博弈是一种集合博弈，这是一个非常有趣的观点，在这一观点下，有可能可以用代数的方法研究这样的博弈问题。按照隐树模型，实际上这样的博弈是节点类型间的博弈问题，这也将是一个有趣的研究方向。

参 考 文 献

[1] Barabási A L, Albert R. Emergence of scaling in random networks. Science, 1999, 286(5439): 509-512.

[2] Watts D J, Strogatz S H. Collective dynamics of 'small-world' networks. Nature, 1998, 393(6684): 440-442.

[3] Erclos P, Rényi A. On Random Grphs Z. Publicationes Mathematicae, 6: 290-297.

[4] Albert R, Jeong H, Barabási A L. Internet: Diameter of the world-wide web. Nature, 1999, 401(6749): 130-131.

[5] Barabási A L, Albert R, Jeong H, et al. Power-law distribution of the world wide web. Science, 2000, 287(5461): 2115.

[6] Adamic L A, Huberman B A. Power-law distribution of the world wide web. Science, 2000, 287(5461): 2115.

[7] Willis J C, Yule G U. Some statistics of evolution and geographical distribution in plants and animals, and their significance. Nature, 1922, 109(2728): 177-179.

[8] Yule G U. A mathematical theory of evolution based on the conclusions of Dr. J C Willis, FRS Philosophical Transactions of the Royal Society London Series B, 1925, 213(402-410): 21-87.

[9] Price D J D S. Networks of scientific papers. Science, 1965, 149(3683): 510-515.

[10] Bornholdt S, Ebel H. World-wide web scaling exponent from simon's 1955 model. Physical Review E Statistical Nonlinear and Soft Matter Physics, 2001, 64(2): 035104.

[11] Cohen R, Havlin S. Scale-free networks are ultrasmall. Physical Review Letters, 2003, 90(2006): 058701.

[12] Girvan M, Newman M E J. Community structure in social and biological networks. Proceedings of the National Academy of Science of the united states of Americe. USA, 2002, 99(12): 7821-7826.

[13] Song C, Havlin S, Makse H A. Self-similarity of complex networks. Nature, 2005, 433(27): 392-395.

[14] Song C, Havlin S, Makse H A. Origins of fractality in the growth of complex networks. Nature Physics, 2006, 2(266): 275-281.

[15] Washio T, Motoda H. State of the art of graph-based data mining. ACM SIGKDD Explorations Newsletter, 2003, 5(1): 59-68.

[16] Yan X, Han J. Gspan: graph-based substructure pattern mining. 2002 IEEE International Conference on Data Mining. IEEE Computer society, 2002, 721-724.

[17] Jiawei H, Xifeng Y, Yu P S. Mining, indexing, and similarity search in graphs and complex structures. Proceedings of the 22nd International Conference on Data Engineering, 2006, 106-106.

[18] Milo R, Shen-Orr S, Itzkovitz S, et al. Network motifs: Simple building blocks of

complex networks. Science, 2002, 298(5594): 824-827.

[19] Shen-Orr S S, Milo R, Mangan S, et al. Network motifs in the transcriptional regulation network of escherichia coli. Nature Genetics, 2002, 31(1): 64-68.

[20] Freeman L C. Centrality in social networks: Conceptual clarification. Social Networks, 1978, 1(3): 215-239.

[21] Borgatti S, Everett M, Freeman L. Ucinet for windows: Software for social network analysis. 2002.

[22] Page L, Bnin S, Motwani R, et al. The pagerank citation ranking: Bringing order to the web. Technical report, Computer Science Department, Standford University, 1998.

[23] Altman A, Tennenholtz M. Ranking systems: The pagerank axioms. Proceedings of the 6th ACM conference on Electronic commerce, Canada: ACM, 2005: 1-8.

[24] Kleinberg J. Authoritative sources in a hyperlinked environment. Journal of ACM, 1999, 46(5): 604-632.

[25] Newman M. The structure and function of complex networks. SIAM Review, 2003, 45(2): 167-256.

[26] 赫南, 淦文燕, 李德毅, 等. 一个小型演员合作网的拓扑性质分析. 复杂系统与复杂性科学, 2006, 3(4): 1-11.

[27] 郑波尽. 复杂网络的骨干与演化. Technical report, 北京: 清华大学, 2009.

[28] Du N, Wu B, Wang B. Backbone discovery in social networks. 2007 IEEE/WIC/ACM International Conference on Web Intelligence, 2007: 100-103.

[29] Krackhardt D, Carley K M. A pcans model of structure in organization. Proceedings of the 1998 International Symposium on Command and Control Research and Technology, Monterray, 1998: 113-119.

[30] Bohannon J. Counterterrorism's new tool: Metanetwork' analysis. Science, 2009, 325(5935): 409-411.

[31] Roopnarine P D, Angielczyk K D, Wang S C, et al. Trophic network models explain instability of early triassic terrestrial communities. Proceeding of the Royal Society B Biologial Sciences, 2007, 274: 2077-2086.

[32] Zachary W W. An information flow model for conflict and fission in small groups. Journal of Anthropological Research, 1977, 33(4): 452-473.

[33] Lusseau D, Newman M E J. Identifying the role that animals play in their social networks. Proceedings of the Royal Society B, Biologial Sciences, 2004, 271(Suppl6): S477.

[34] Kernighan B W, Lin S. The fractal geometry of nature. Bell System Technical Journal, 1970, 49: 291-307.

[35] Newman M E J. Power laws, pareto distributions and zipf's law. Contemp Phys, 2005, 46(5): 323-351.

[36] Albert R, Barabási A L. Statistical mechanics of complex networks. Reviews of Modern

Physics, 2002, 74(1): 47-97.

[37] Barabási A L., Author, Crandall R E, The New Science of Networks [J]. Physics Today, 2003, 6(5): 243-270.

[38] Barabási A L, Albert R, Jeong H. Scale-free characteristics of random networks: The topology of the world wide web. Physica A, 2000, 281(1): 69-77.

[39] Holland J H. Hidden order: How adaptation builds complexity. Addison-Wesley, Leonardo 1995, 29(3).

[40] Bianconi G, Barabási A L. Competition and multiscaling in evolving networks. Europhys. Letters, 2000, 54(1): 37-43.

[41] Ergün G, Rodgers G. Growing random networks with fitness. Physica A: Statistical Mechanics and its Applications, 2002, 303(1): 261-272.

[42] Kleinberg J M. Navigation in a small world. Nature, 2000, 406(6798): 845.

[43] Kim B J, Trusina A, Minnhagen P, et al. Self-organized scale-free networks from merging and regeneration. The European Physical Journal B-condensed matter and complex systems 2005, 43(3): 669-672.

[44] Vázquez A. Knowing a network by walking on it: Emergence of scaling. Europhysics Letters, 2012.

[45] Vázquez A. Growing network with local rules: Preferential attachment, clustering hierarchy, and degree correlations. Physical Review E, 2003, 67(5): 56104.

[46] Li X, Chen G. A local-world evolving network model. Physica A: Statistical Mechanics and its Applications, 2003, 328(1/2): 274-286.

[47] Fan Z P, Chen G R, Zhang Y N. A comprehensive multi-local-world model for complex networks. Physics letters. A, 2011, 373(18): 1601-1605.

[48] Liu Z H, Lai Y C, Ye N, et al. Connectivity distribution and attack tolerance of general networks with both preferential and random attachments. Physics Letters A, 2015, 303(5): 337-344.

[49] 方锦清, 李永. 网络科学中统一混合理论模型的若干研究进展. 力学进展, 2008, 38(6): 663-678.

[50] 章忠志, 荣莉莉. BA 网络的一个等价演化模型. 系统工程, 2005, 23(2): 1-5.

[51] Zheng B J, Wang J M, Chen G S, et al. Hidden tree structure is a key to the emergence of scaling in the world wide web. Chinese Physics Letters, 2011, 28(1): 018901.

[52] Albert R, Jeong H, Barabási A L. Error and attack tolerance of complex networks. Nature, 2000, 340(1): 378-382.

[53] Holme P, Kim B J, Yoon C N, et al. Attack vulnerability of complex networks. Physical Review E Statistical Nonlinear & soft Matter Physics, 2002, 65: 056109.

[54] Tan Y, Wu J, Deng H, et al. Invulnerability of complex networks: A survey. Systems Engineering, 2006, 24(10): 1-5.

[55] Wolfram S. A new kind of science. Champaign: Wolfram Media, 2002.

[56] Cotta C, Merelo J J. The complex network of ec authors. ACM Sigevolution, 2006, 1(2): 2-9.

[57] Cotta C, Merelo J J. The complex network of evolutionary computation authors: An initial study. Physics, 2005.

[58] Krebs V E. Mapping networks of terrorist cells. Connections, 2001, 24(3): 43-52.

[59] Guimerà R, Sales-pardo M, Amaral L A N. Classes of complex networks defined by role-to-role connectivity profiles. Nature Physics, 2007, 3(1): 63-69.

[60] Brin S, Page L. The anatomy of a large-scale hypertextual web search engine. Proceedings of the 7th International World Wide Web Conference, Australia, 1998: 107-117.

[61] An S H, Du Y B, Qu J L. A comprehensive importance measurement for nodes. Chinese Journal of Management Science, 2006, 14(1): 106-111.

[62] Xu J, Xi Y M, Wang Y L. On system core and coritivity. Sys. Sci. & Math. Scis., 1993, 13(2): 102-110.

[63] Dwork C, Kumar R, Naor M, et al. Rank aggregation methods for the web. The 10th International Conference on World Wide Web, Hong Kong: ACM, 2001: 613-622.

[64] White S, Smyth P. Algorithms for estimating relative importance in networks. ACM Sigkdd International Conference on Knowledge Discovery and Data Mining, Washington, 2003: 266-275.

[65] He N, Gan W Y, Li D. Evaluate nodes importance in the network using data field theory. International Conference on Convergence Information Technology, 2007: 1225-1234.

[66] Gan W. Study on the data-field mining method and its applications in networked data mining. Technical report, Tsinghua University, 2007.

[67] Madadhain J O, Fisher D, Smyth P, et al. Analysis and visualization of network data using jung. http: //jung.sourceforge.net/doc/JUNG_journal.pdf, 2008.

[68] Altman A, Tennenholtz M. On the axiomatic foundations of ranking systems. International Joint Conferences on Artificial Intelligence, Scotland, 2005: 917-922.

[69] Schaffer J. Multiple objective optimization with vector evaluated genetic algorithms. Proceedings of the First International Conference on Genetic Algorithms L. Erlbanm Associties, Inc 1985, 2(1): 93-100.

[70] Kalyanmoy D. Multi-objective optimization using evolutionary algorithms. UK: Chichester, 2001.

[71] Jeffrey H, Nicholas N, David E G. A niched pareto genetic algorithm for multi-objective optimization. Proceedings of the First IEEE Conference on Evolutionary Computation, IEEE World Congress on Computational Intelligence, 1994, 1: 82-87.

[72] Rudolph G. On a multi-objective evolutionary algorithm and its convergence to the Pareto Set. Proceedings of the 5th IEEE Conference on Evolutionary Computation,

New Jersey, 1998.

[73] Rudolph G. Evolutionary search under partially ordered fitness sets. Proceedings of the International NAISO Congress on Information Science Innovations (ISI 2001), 2001: 818-822.

[74] Newman M E. The structure of scientific collaboration networks. Proceedings of the National Academy of Sciences, 2001, 98(2): 404-409.

[75] Corder G, Foreman D. Nonparametric statistics for non-statisticians: A step-by-step approach. Approach[M]. 2011.

[76] Kleinberg J M, Kumar S R, Raghavan P, et al. The web as a graph: Measurements, models and methods. Proceedings of the International Conference on Combinatorics and Computing, 1999, 1627: 1-18.

[77] Teichmann S A, Madan B M. Gene regulatory network growth by duplication. Nature Genetics, 2004, 36(5): 492-496.

[78] Glattfelder J B, Battiston S. Backbone of complex networks of corporations: The flow of control. Physical Review E (Statistical, Nonlinear, and Soft Matter Physics), 2009, 80(3): 036104.

[79] Gilbert A C, Levchenko K. Compressing network graphs. Proceedings of the LinkKDD workshop at the 10th ACM Conference on KDD, 2004, 124.

[80] Suh J, Jung S, Pfeifle M, et al. Compression of digital road networks. Advances in Spatial and Temporal Databases Springer-Verlag, 2007: 423-440.

[81] Scellato S, Cardillo A, Latora V, et al. The backbone of a city. The European Physical Journal B - Condensed Matter and Complex Systems, 2006, 50(1): 221-225.

[82] Derenyi I, Palla G, Vicsek T. Clique percolation in random networks. Physical Review Letters, 2005, 94(16): 160-202.

[83] Faloutsos M, Faloutsos P, Faloutsos C. On power-law relationships of the internet topology. Proceedings of the ACM SIGCOMM, Cambridge, USA: ACM, 1999: 251-262.

[84] Zhou S, Mondragon R. The rich-club phenomenon in the internet topology. IEEE Communications Letters, 2004, 8(3): 180-182.

[85] Krapivsky P L, Redner S. Organization of growing random networks. Phys Rev E Stat Nonlin sofo Matter Phys, 2001, 63(2): 066123.

[86] Bianconi G, Barabási A L. Bose-einstein condensation in complex networks. Phys. Rev. Lett., 2001, 86(24): 5632-5635.

[87] Ravasz E, Barabási A L. Hierarchical organization in complex networks. Phys Rev E Stat Nonlin sofo Matter Phys, 2003, 67(2): 026112

[88] Merton R K. The matthew effect in science: The reward and communication systems of science are considered. Science, 1968, 159(3810): 56-63.

[89] Reed W J, Hughes B D. From gene families and genera to incomes and internet file

sizes: Why power laws are so common in nature. Physics Review letters, 2002, 66(6): 067103.

[90]　Miller G A. Some effects of intermittent silence. American Journal of Psychology, 1957, 70(2): 311-314.

[91]　Li W. Random texts exhibit zipf's-law-like word frequency distribution. IEEE Transaction on information Theory, 1992, 38(6): 1842-1845.

[92]　May R M. Will a large complex system be stable?. Nature, 1972, 238(5364): 413-414.

[93]　Newman M E J, Park J. Why social networks are different from other types of networks. Phys Rev E stat Monlin soft Matter Phys, 2003, 68(3): 036122.

[94]　Sailer L D. Structural equivalence: Meaning and definition, computation and application. Social Networks, 1978, 1(1): 73-90.

[95]　Li L, Alderson D, Doyle J C, et al. Towards a theory of scale-free graphs: Definition, properties, and implications. Internet Mathematics, 2005, 2(4): 431-523.

[96]　Wasserman S, Faust K. Social Network Analysis. Cambridge: Cambridge University Press, 1994.

[97]　Jeong H, Tombor B, Albert R, et al. The large-scale organization of metabolic networks. Nature, 2000, 407(2000): 651-654.

[98]　Motter A E. Cascade control and defense in complex networks. Physical Review Letters, 2004, 93(9): 098701.

[99]　Holme P. Edge overload breakdown in evolving networks. Physical Review E, 2002, 66(3): 036119.

[100]　Doyle J C, Alderson D L, Li L, et al. The "robust yet fragile" nature of the Internet. Proceedings of the National Academy of Sciences, 2005, 102(41): 14497-14502.

[101]　Carlson J M, Doyle J. Highly optimized tolerance: A mechanism for power laws in designed systems. Physical Review E, 1999, 60(2): 1412-1427.

[102]　Carlson J M, Doyle J. Highly optimized tolerance: Robustness and design in complex systems. Physical Review Letters, 2000, 84(11): 2529-2532.

[103]　Alderson D, Li L, Willinger W, et al. Understanding internet topology: Principles, models, and validation. IEEE/ACM Transactions on Networking, 2005, 13(6): 1205-1218.

[104]　Zheng B, Huang D, Li D, et al. Some scale-free networks could be robust under the selective node attacks. Europhysics Letters, 2011, 94(2): 28010-28015.

[105]　Herrmann H J, Schneider C M, Moreira A A, et al. Onion-like network topology enhances robustness against malicious attacks. Journal of Statistical Mechanics, 2011, 2011(01): P01027.

[106]　Schneider C M, Mihaljev T, Havlin S, et al. Suppressing epidemics with a limited amount of immunization units. Physical Review E, 2011, 84(6): 061911.

[107]　Qin J, Wu H, Tong X, et al. A quantitative method for determining the robustness

of complex networks[J], Physical D Nontinear Phenomena 2013, 253(15): 85-90.

[108] Jeong H, Mason S P, Barabási A L, et al. Lethality and centrality in protein networks. Nature, 2001, 411(6833): 41-42.

[109] Wu Z, Holme P. Onion structure and network robustness. Phys. Rev. E., 2011, 84(2 pt 2): 026106.

[110] Newman M. Modularity and community structure in networks. Proc. Natl. Acad. Sci., APS March Meeting American Physical Society 2006, 103(23): 8577-8582.

[111] 马于涛, 何克清, 李兵, 等. 网络化软件的复杂网络特性实证. 软件学报, 2011, 22(3): 381-407.

[112] Merton R K. The matthew effect in science, ii: Cumulative advantage and the symbolism of intellectual property. Isis, 1988, 79(4): 606-623.

[113] Bak P, Tang C, Wiesenfeld K. Self-organized criticality: An explanation of the 1/f noise. Physical Review Letters, 1987, 59: 381-384.

[114] Zheng B, Wang J, Chen G, et al. Hidden tree structure is a key to the emergence of scaling in the world wide web. Chin. Physical Review Letters, 2011, 28(1): 018901.

[115] Slotine J J, Lohmiller W. Modularity, evolution, and the binding problem: A view from stability theory. Neural Networks, 2001, 14: 137-145.

[116] 谭东风. 基于演化网络的体系对抗效能模型. 国防科技大学学报, 2007, 24(6): 93-97.

[117] 张弛, 梁伟. 无标度网络理论在网络中心战中的应用. 指挥控制与仿真, 2010, 32(2): 25-28.

[118] Wang B, Zhou T, He D. The trend of recent research on statistical physics and complex systems. China Basic Science, 2005, 7(45): 37-43.

[119] Barabási A L. Network science: Luck or reason. Nature, 2012, 489(7417): 507-508.

[120] Papadopoulos F, Kitsak M, Serrano M, et al. Popularity versus similarity in growing networks. Nature, 2012, 489(7417): 537-540.

[121] Boccaletti S, Latora V, Moreno Y, et al. Complex networks: Structure and dynamics. Physics Reports, 2006, 424(4-5): 175-308.

[122] 方锦清, 毕桥, 李永, 等. 复杂动态网络的一种和谐统一的混合择优模型及其普适特性. 中国科学 G, 2007, 37(2): 230-249.

[123] Newman M E. Communities, modules and large-scale structure in networks. Nature Physics, 2012, 8(1): 25-31.

[124] 应伟勤, 李元香, Sheu P Y, 等. 演化多目标优化中的几何热力学选择. 计算机学报, 2010, 33(4): 755-767.

[125] Amaral L A N, Ottino J M. Complex networks: Augmenting the framework for the study of complex systems. European Physical Journal B, 2004, 38(2): 1434-6028.

[126] Erdós P, Rényi A. On the evolution of random graphs [J]. Transactions of the American Mathematical Society, 2011, 286(1): 257-274.

[127] Pareto V. Cours d'Economie Politique. Librairie Droz, 1964.

[128]　Bertsekas D P. Nonlinear Programming: 2nd Edition. Athena Scientific, 1999.

[129]　Li H, Zhang Q. Multiobjective optimization problems with complicated pareto sets, MOEA/D and NSGA-II. IEEE Transactions On Evolutionary Computation, 2009, 13(2): 284-302.

[130]　Schneider C M, Moreira A A, Andrade J S, et al. Mitigation of malicious attacks on networks. Proceedings of the Notional Academy of Science of the united states of America. USA, 2011, 108(10): 3838-3841.

[131]　Zheng B. Researches on evolutionary optimization. Wuhan: Wuhan University, 2006.

[132]　Clauset A, Shalizi C R, Newman M E. Power-law distributions in empirical data. SIAM Review, 2009, 51(4): 661-703.

[133]　Yook S H, Radicchi F, Meyer-Ortmanns H. Self-similar scale-free networks and disassortativity. Physical Review E, 2005, 72(4): 045105.

[134]　Goh K I, Salvi G, Kahng B, et al. Skeleton and fractal scaling in complex networks. Physical Review Letters, 2006, 96(1): 018701.

[135]　Blum A, Chan T H, Rwebangira M R. A random-surfer web-graph model. 2006 Proceedings of the Third Workshop on Analytic Algorithmics and Combinatorics (ANALCO). Society for Industrial and Applied Mathematics, 2006: 238-246.

[136]　Peruani F, Choudhury M, Mukherjee A, et al. Emergence of a non-scaling degree distribution in bipartite networks: A numerical and analytical study. Epl, 2007, 79(2).

[137]　Dall'Asta L, Baronchelli A, Barrat A, et al. Nonequilibrium dynamics of language games on complex networks. Physical Revien Letters, 2012, 74(2): 036105.

[138]　Zheng B, Wu H, Qin J, et al. Modelling multi-trait scale-free networks by optimization Eprint Arxiv, 2012.

[139]　Newman M E, Girvan M. Finding and evaluating community structure in networks. Physical review E, 2004, 69(2): 026113.

[140]　Newman M E. Finding community structure in networks using the eigenvectors of matrices. Physical review E, 2006, 74(3): 036104.

[141]　Stumpf M P, Wiuf C, May R M. Subnets of scale-free networks are not scale-free: Sampling properties of networks. Proceedings of the National Academy of Sciences of the United States of America, 2005, 102(12): 4221-4224.

[142]　Clauset A, Newman M E, Moore C. Finding community structure in very large networks. Physical review E, 2004, 70(6): 066111.

[143]　Furlong M S. An electronic community for older adults: The seniornet network. Journal of Communication, 1989, 39(3): 145-153.

[144]　Condon A, Karp R M. Algorithms for graph partitioning on the planted partition model. Random Structures and Algorithms, 2001, 18(2): 116-140.

[145]　Fan Y, Li M, Zhang P, et al. Accuracy and precision of methods for community identification in weighted networks. Physica A: Statistical Mechanics and its Applica-

tions, 2007, 377(1): 363-372.

[146] Palla G, Derényi I, Farkas I, et al. Uncovering the overlapping community structure of complex networks in nature and society. Nature, 2005, 435(7043): 814-818.

[147] Guimera R, Danon L, Diaz-Guilera A, et al. Self-similar community structure in a network of human interactions. Physical review E, 2003, 68(6): 065103.

[148] Danon L, Díaz-Guilera A, Arenas A. The effect of size heterogeneity on community identification in complex networks. Journal of Statistical Mechanics: Theory and Experiment, 2006, 2006(11): P11010.

[149] Fortunato S, Castellano C. Community structure in graphs. New York: Springer, 2012.

[150] Guimerà R, Sales-Pardo M, Amaral L A N. Module identification in bipartite and directed networks. Physical Review E, 2007, 76(3): 036102.

[151] Brandes U, Gaertler M, Wagner D. Experiments on graph clustering algorithms. New York: Springer, 2003.

[152] Bagrow J P. Evaluating local community methods in networks. Journal of Statistical Mechanics: Theory and Experiment, 2008, 2008(05): P05001.

[153] Lancichinetti A, Fortunato S, Radicchi F. Benchmark graphs for testing community detection algorithms. Physical review E, 2008, 78(4): 046110.

[154] Orman G K, Labatut V, Cherifi H. Comparative evaluation of community detection algorithms: A topological approach. Journal of Statistical Mechanics: Theory and Experiment, 2012, 2012(08): P08001.

[155] Lancichinetti A, Fortunato S. Benchmarks for testing community detection algorithms on directed and weighted graphs with overlapping communities. Physical Review E, 2009, 80(1): 016118.

[156] Lancichinetti A, Fortunato S, Kertész J. Detecting the overlapping and hierarchical community structure in complex networks. New Journal of Physics, 2009, 11(3): 033015.

[157] Chakrabarti D, Zhan Y, Faloutsos C. R-mat: A recursive model for graph mining. Proceedings of the 2004 SIAM International Conference on Data Mining, SIAM, 2004: 442-446.

[158] Seshadhri C, Kolda T G, Pinar A. Community structure and scale-free collections of erdős-rényi graphs. Physical Review E, 2012, 85(5): 056109.

[159] Leskovec J, Chakrabarti D, Kleinberg J, et al. Kronecker graphs: An approach to modeling networks. Journal of Machine Learning Research, 2010, 11(Feb): 985-1042.

[160] Lancichinetti A, Kivelä M, Saramäki J, et al. Characterizing the community structure of complex networks. PloS One, 2010, 5(8): e11976.

[161] Sawaragi Y, Nakayama H, Tanino T. Theory of multiobjective optimization. Microwave Magazine IEEE, 1985, 12(6): 120-133.

[162]　Wang J, Zhong C, Zhou Y. Single objective guided multiobjective optimization algorithm. 2013 Fourth International Conference on Emerging Intelligent Data and Web Technologies (EIDWT). IEEE, 2013: 178-183.

[163]　Lambiotte R, Delvenne J C, Barahona M. Laplacian dynamics and multiscale modular structure in networks. arXiv preprint arXiv: 0812.1770, 2008.

[164]　Kolda T G, Pinar A, Plantenga T, et al. A scalable generative graph model with community structure. SIAM Journal on Scientific Computing, 2014, 36(5): C424-C452.

[165]　Leskovec J, Kleinberg J, Faloutsos C. Graph evolution: Densification and shrinking diameters. ACM Transactions on Knowledge Discovery from Data (TKDD), 2007, 1(1): 2.

[166]　Newman M E. Assortative mixing in networks. Physical Review Letters, 2002, 89(20): 208701.

[167]　Palmer C R, Gibbons P B, Faloutsos C. Anf: A fast and scalable tool for data mining in massive graphs. Proceedings of the eighth ACM SIGKDD international conference on Knowledge discovery and data mining, ACM, 2002: 81-90.

[168]　Tauro S L, Palmer C, Siganos G, et al. A simple conceptual model for the internet topology. Global Telecommunications Conference, 2001, 3: 1667-1671.

[169]　Gkantsidis C, Mihail M, Zegura E. Spectral analysis of internet topologies. Twenty-Second Annual Joint Conference of the IEEE Computer and Communications, 2003, 1: 364-374.

[170]　Kuang L, Zheng B, Li D, et al. A fractal and scale-free model of complex networks with hub attraction behaviors. Science China Information Sciences, 2015, 58(1): 1-10.

[171]　王江涛, 杨建梅. 复杂网络的分形研究方法综述. 复杂系统与复杂性科学, 2013, 10(4): 1-7.

[172]　Shanker O. Defining dimension of a complex network. Modern Physics Letters B, 2007, 21(06): 321-326.

[173]　Long G, Cai X. The fractal dimensions of complex networks. Chinese Physics Letters, 2009, 26(8): 088901.

[174]　Wang X, Liu Z, Wang M. The correlation fractal dimension of complex networks. International Journal of Modern Physics C, 2013, 24(05): 1350033.

[175]　Lacasa L, Gómez-Gardenes J. Correlation dimension of complex networks. Physical review letters, 2013, 110(16): 168703.

[176]　Wei D, Wei B, Hu Y, et al. A new information dimension of complex networks. Physics Letters A, 2014, 378(16): 1091-1094.

[177]　Kim J, Goh K I, Kahng B, et al. A box-covering algorithm for fractal scaling in scale-free networks. Chaos: An Interdisciplinary Journal of Nonlinear Science, 2007, 17(2): 026116.

[178] Michael R G, David S J. Computers and intractability: A guide to the theory of np-completeness. WH Freeman and company, 1979: 90-91.

[179] Kim J S, Goh K I, Kahng B, et al. Fractality and self-similarity in scale-free networks. New Journal of Physics, 2007, 9(6): 177.

[180] Song C, Gallos L K, Havlin S, et al. How to calculate the fractal dimension of a complex network: The box covering algorithm. Journal of Statistical Mechanics: Theory and Experiment, 2007, 2007(03): P03006.

[181] Zhou W X, Jiang Z Q, Sornette D. Exploring self-similarity of complex cellular networks: The edge-covering method with simulated annealing and log-periodic sampling. Physica A: Statistical Mechanics and its Applications, 2007, 375(2): 741-752.

[182] Locci M, Concas G, Tonelli R, et al. Three algorithms for analyzing fractal software networks. WSEAS Transactions on Information Science and Applications, 2010, 7(3): 371-380.

[183] Schneider C M, Kesselring T A, Andrade Jr J S, et al. Box-covering algorithm for fractal dimension of complex networks. Physical Review E, 2012, 86(1): 016707.

[184] Sun Y, Zhao Y. Overlapping-box-covering method for the fractal dimension of complex networks. Physical Review E, 2014, 89(4): 042809.

[185] Zhang H, Lan X, Wei D, et al. Self-similarity in complex networks: From the view of the hub repulsion. Modern Physics Letters B, 2013, 27(28): 1350201.

[186] Wei D J, Liu Q, Zhang H X, et al. Box-covering algorithm for fractal dimension of weighted networks. Scientific Reports (Nature Publisher Group), 2013, 3(6157): 3049.

[187] Gallos L K, Song C, Makse H A. A review of fractality and self-similarity in complex networks. Physica A: Statistical Mechanics and its Applications, 2007, 386(2): 686-691.

[188] Pastor-Satorras R, Vázquez A, Vespignani A. Dynamical and correlation properties of the internet. Physical review letters, 2001, 87(25): 258701.

[189] Zhang Z, Zhou S, Chen L, et al. Transition from fractal to non-fractal scalings in growing scale-free networks. The European Physical Journal B-Condensed Matter and Complex Systems, 2008, 64(2): 277-283.

[190] Rozenfeld H D, Song C, Makse H A. Small-world to fractal transition in complex networks: A renormalization group approach. Physical review letters, 2010, 104(2): 025701.

[191] Concas G, Locci M, Marchesi M, et al. Fractal dimension in software networks. EPL (Europhysics Letters), 2006, 76(6): 1221.

[192] Turnu I, Concas G, Marchesi M, et al. The fractal dimension of software networks as a global quality metric. Information Sciences, 2013, 245(10): 290-303.

[193] Gallos L K, Song C, Havlin S, et al. Scaling theory of transport in complex biological networks. Proceedings of the National Academy of Sciences, 2007, 104(19): 7746-7751.

[194]　Gallos L K, Song C, Makse H A. Scaling of degree correlations and its influence on diffusion in scale-free networks. Physical review letters, 2008, 100(24): 248701.

[195]　Gallos L K, Makse H A, Sigman M. A small world of weak ties provides optimal global integration of self-similar modules in functional brain networks. Proceedings of the National Academy of Sciences, 2012, 109(8): 2825-2830.

[196]　Gallos L K, Potiguar F Q, Andrade Jr J S, et al. Imdb network revisited: Unveiling fractal and modular properties from a typical small-world network. PloS One, 2013, 8(6): e66443.

[197]　Zhang Z, Zhou S, Zou T, et al. Fractal scale-free networks resistant to disease spread. Journal of Statistical Mechanics: Theory and Experiment, 2008, 2008(09): P09008.

[198]　方爱丽, 孙丽珺. 复杂网络的分形特征及其实证研究. 计算机工程与应用, 2009, 45(20): 52-53.

[199]　Maslov S, Sneppen K. Specificity and stability in topology of protein networks. Science, 2002, 296(5569): 910-913.

[200]　Oliveira R, Pei D, Willinger W, et al. The (in) completeness of the observed internet as-level structure. IEEE/ACM Transactions on Networking (ToN), 2010, 18(1): 109-122.

[201]　Rybski D, Rozenfeld H D, Kropp J P. Quantifying long-range correlations in complex networks beyond nearest neighbors. EPL (Europhysics Letters), 2010, 90(2): 28002.

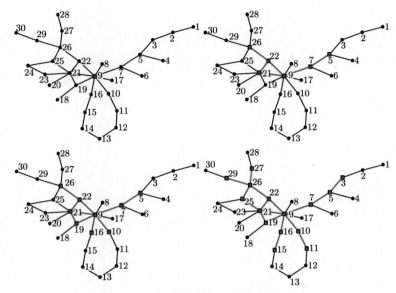

图 3.4 蛋白质代谢网络的层级骨干网络

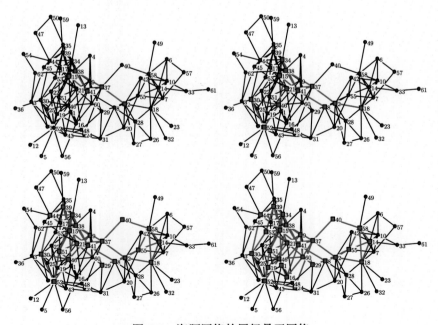

图 3.5 海豚网络的层级骨干网络

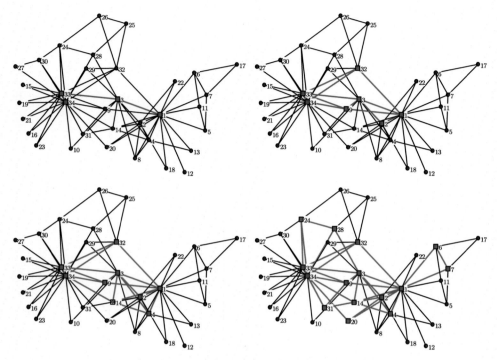

图 3.6　Zachary 俱乐部网络的层级骨干网络

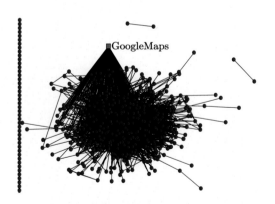

图 3.9　服务网络的第一级骨干网络

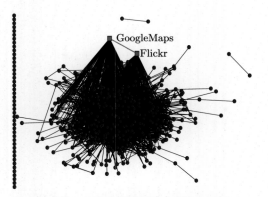

图 3.10　服务网络的第二级骨干网络

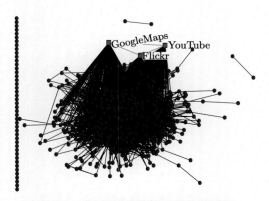

图 3.11　服务网络的第三级骨干网络

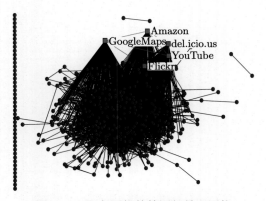

图 3.12　服务网络的第四级骨干网络

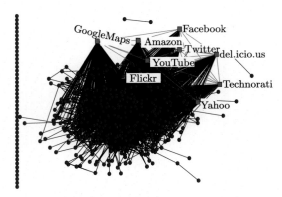

图 3.13 服务网络的第五级骨干网络

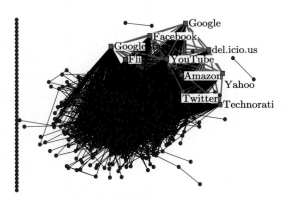

图 3.14 服务网络的第六级骨干网络

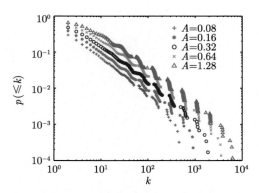

图 4.3 当 activity 变化时的度累积分布

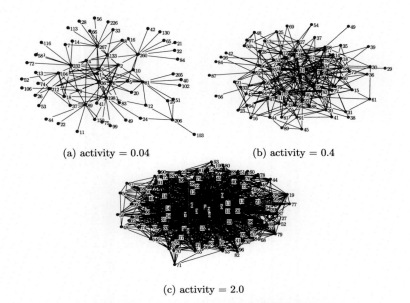

(a) activity = 0.04

(b) activity = 0.4

(c) activity = 2.0

图 4.4 不同 activity 下生成的复杂网络的巨组件

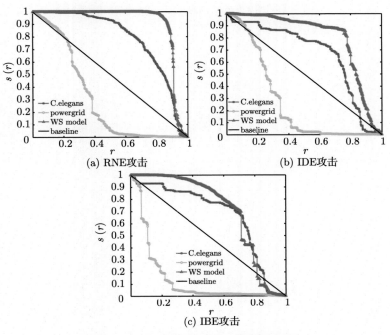

(a) RNE攻击

(b) IDE攻击

(c) IBE攻击

图 7.4 实验网络在边攻击下的模拟实验

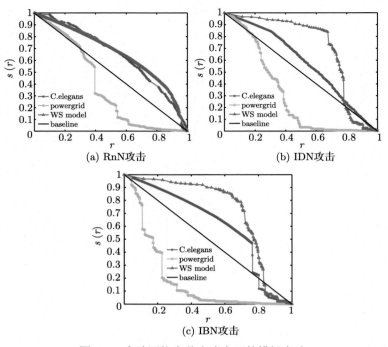

(a) RnN攻击

(b) IDN攻击

(c) IBN攻击

图 7.5　实验网络在节点攻击下的模拟实验

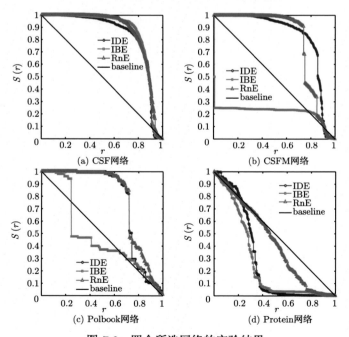

(a) CSF网络

(b) CSFM网络

(c) Polbook网络

(d) Protein网络

图 7.6　四个所选网络的实验结果

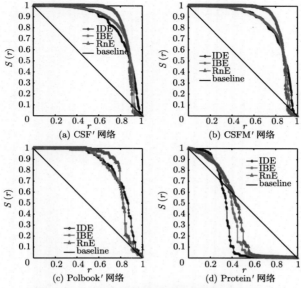

图 7.7　对照组中四个随机网络的实验结果

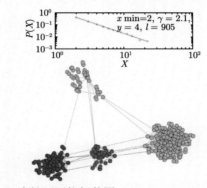

图 8.39　一个社区网络拓扑图 ($x$min=2, γ=2, c=4, l=905)

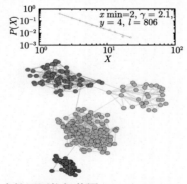

图 8.40　一个社区网络拓扑图 ($x$min=2, γ=2, c=4, l=806)

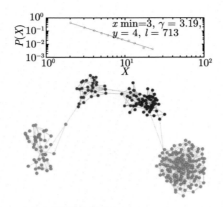

图 8.41　一个社区网络拓扑图 ($x$min=3, γ=3, c=4, l=713)

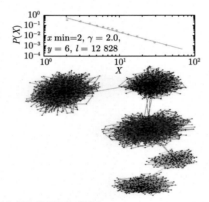

图 8.42　一个社区网络拓扑图 ($x$min=2, γ=2, c=6, l=12 828)

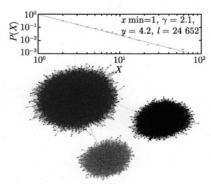

图 8.43　一个社区网络拓扑图 ($x$min=1, γ=2, c=4.2, l=24 652)

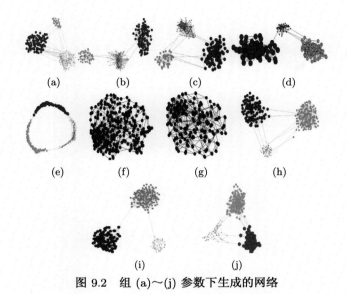

(a)　　　　　(b)　　　　　(c)　　　　　(d)

(e)　　　　　(f)　　　　　(g)　　　　　(h)

(i)　　　　　　　　(j)

图 9.2　组 (a)~(j) 参数下生成的网络

(a) Polbooks的社区划分　　　　　　　(b) Netscience的社区划分

(c) Arxiv GR-QC的社区划分　　　　　(d) Arxiv ca-AstroPh的社区划分

图 9.4　对照组中 4 个随机网络的实验结果

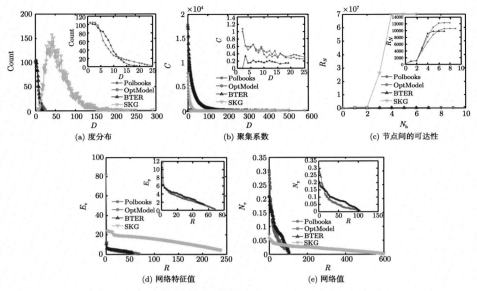

图 9.5　三个模型生成的网络与 Polbook 网络的近似度

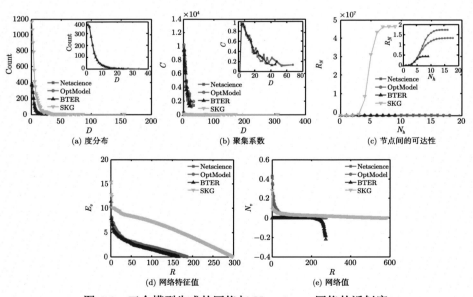

图 9.6　三个模型生成的网络与 Netscience 网络的近似度

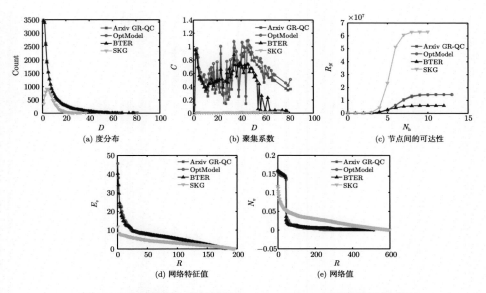

(a) 度分布 (b) 聚集系数 (c) 节点间的可达性

(d) 网络特征值 (e) 网络值

图 9.7 三个模型生成的网络与 Arxiv GR-QC 网络的近似度

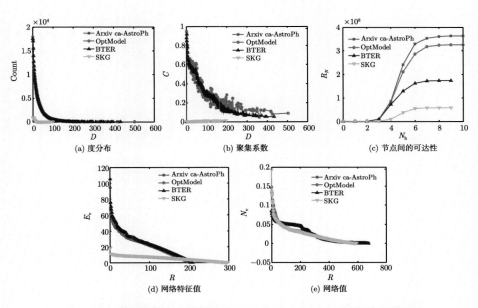

(a) 度分布 (b) 聚集系数 (c) 节点间的可达性

(d) 网络特征值 (e) 网络值

图 9.8 三个模型生成的网络与 Arxiv ca-AstroPh 网络的近似度

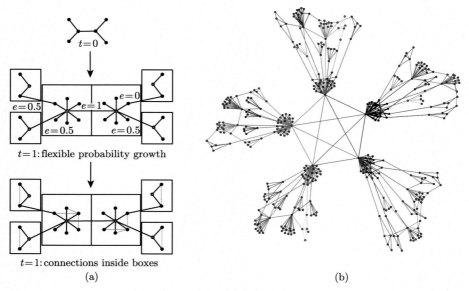

$t=0$

$e=0.5$　$e=1$　$e=0$

$e=0.5$　$e=0.5$

$t=1$: flexible probability growth

$t=1$: connections inside boxes

(a)

(b)

图 9.12　Hub 吸引的动态增长模型

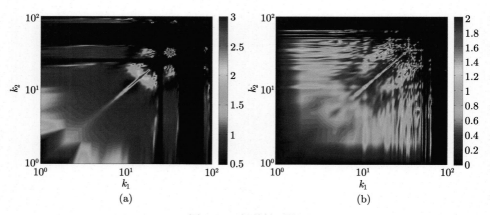

(a)

(b)

图 9.16　相关性对比